让孩子看了就停不下来的自然探秘

蚂蚁为什么要和瓢虫打架？

〔韩〕阳光和樵夫◎文　〔韩〕尹奉善◎绘　千太阳◎译

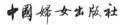

中国婦女出版社

植物独特的生活方式

神奇的授粉专家

植物们播撒种子的战略

动物搬运工

《玩喷射的植物妈妈
在干什么？》

繁殖后代（植物）

动牛

哺乳动物的育儿经

鸟类宠爱幼崽的方式

水生动物如何照顾宝宝

小虫子对孩子的爱

《树袋熊为什么
给宝宝吃便便？》

抚育后代（动物）

注：本书在引进出版时，根据中国的动植物情况和相关文化，对
内容进行了一些增补、完善和修改，故在有些知识讲解中会
特意加上"中国"这一地域界定。

动物

共生关系（动物） ── 《蚂蚁为什么要和瓢虫打架？》
- 从朋友那里获得食物
- 毫不吝啬的朋友
- 一辈子不分离的朋友

自我保护（动物） ── 《想闻闻臭鼬巨臭的屁吗？》
- 动物世界的能手
- 防御高手
- 伪装高手
- 变色"魔术师"

繁殖后代（动物） ── 《什么，小海马是爸爸生的？》
- 哺乳动物的繁殖
- 鸟儿们的繁殖
- 爬行动物和两栖动物的繁殖
- 鱼类的繁殖
- 昆虫的繁殖

团结友爱力量大

夏天的湖边，知了疲倦地睡着了，柳树耷拉着脑袋，周围静悄悄的。

一条鳄鱼刚刚吃完午餐，张开嘴打了个大哈欠。正在这时，有只小鸟扑棱棱飞过来，啊！它竟然不偏不倚地飞进了鳄鱼的血盆大口里……

呜呜呜，好可怜的小鸟，难道就这样成了鳄鱼的餐后甜点了吗？

不用担心，你瞧，小鸟什么事都没有，它正在鳄鱼那可怕的大嘴里忙乎着呢，累得满头大汗。

原来，这是一只牙签鸟，又叫鳄鱼鸟。从名字就可以看出来，它是鳄鱼的好朋友，专门吃鳄鱼身体里的寄生虫，还有塞在牙缝里的肉渣。它这么做，既帮助鳄鱼解决了那些大麻烦，自己也能获得美味的食物。

鳄鱼和鳄鱼鸟，谁也离不开谁，互相帮助，快快乐乐地生活着。

在动物界，还有很多这样形影不离、团结友爱的好朋友。

地上来来回回穿梭的小蚂蚁，既勤劳又讲义气，它们无私地保护着蚜虫。而蚜虫呢？也会给小蚂蚁送上香甜可口的蜜露，这样的友谊，是多么甜蜜温暖啊！

也有臭臭的友谊，比如牛和屎壳郎。屎壳郎最喜欢的大餐就是牛粪啦。它会吭哧吭哧地把牛粪堆成圆球形，然后推着它上路，一直推到自己的窝里。对于屎壳郎来说，牛粪不仅有营养，还是它们未来小宝宝的安乐窝呢。有了屎壳郎这样尽职尽责的清洁工，牛再也不用担心堆积的粪便引来大群苍蝇了，连臭味也没了，真是要好好谢谢这个小兄弟呀。

动物为了生存，会想出各种办法，组成互帮互助小组，齐心合力解决困难。它们的生活智慧值得小朋友学习。这本书的每一页，都充满了温馨感人的友情，每一个故事，都是大自然的奇迹，让人惊叹，也让人感动。

现在，就让我们一同走进这神奇的动物世界吧。

阳光和樵夫

目　录

1 从朋友那里获得食物

2 毫不吝啬的朋友

3 一辈子不分离的朋友

1

从朋友那里
获得食物

给鳄鱼清理牙齿的鳄鱼鸟

啊，不好了！那只小鸟怎么跑到鳄鱼的嘴里去了？

在茫茫的非洲大草原上，一群口渴的斑马来到了河边。斑马环顾了一下四周，确定没有什么危险的野兽，这才低下头开始美美地喝起水来。

这时，不远处突然泛起了微微的水波，紧接着，一双敏锐的眼睛浮出了水面。原来那是一只尼罗鳄。这时候斑马也发现了它的身影，刚要转身逃走，却还是被尼罗鳄那**血盆大口**狠狠地咬住了前腿。**惊慌失措**的斑马想极力挣脱，但这一切都只是徒劳。最终尼罗鳄还是慢慢地把斑马拖入水中……

·濒临灭绝的活化石

现在因为各种环境破坏，很多野生鳄鱼也濒临灭绝。虽然现在全球对此加以重视和保护，通过人工饲养交配等方式提升数量，但保护鳄鱼还是需要引起更广泛的关注和保护。

享用完这顿丰盛的午餐后，尼罗鳄来到河边张开了大大的嘴，优哉游哉地晒起了日光浴。这时候不知从哪里飞来了一只小鸟，落到了尼罗鳄的背上，然后"**笃笃笃**"啄了几下。当尼罗鳄像是在打哈欠似的张开大嘴时，那只小鸟竟然飞到了尼罗鳄的嘴里面，还开始啄起了什么东西！奇怪的是，这只尼罗鳄竟然没有把它吃掉。这到底是怎么回事呢？尼罗鳄为什么会拒绝享用这个送到嘴里的"小甜点"呢？

尼罗鳄的烦恼

尼罗鳄生活在非洲尼罗河流域及其东南部，在马达加斯加岛上的江河湖泊中也有分布，是一种非常可怕的猎手。成年尼罗鳄体长2～6米，平均体长4米，有不确切的记录可长达7.3米，体重可达1吨。它们主要以鱼、乌龟、鸟、角马、斑马、水牛为食，有时甚至还会吃人。

尼罗鳄主要在水里捕猎食物，它们的身体也逐渐进化，具备了在水中进行捕猎的特性。首先，尼罗鳄的眼睛和鼻子都长在头的上方，所以它们可以把整个身子隐藏在水下，只露出眼睛和鼻子来观察猎物并进行呼吸。

•传说中的冷血动物

鳄鱼的体温会随着环境温度的改变而改变，属于变温动物，也就是传说中的"冷血动物"。变温的这一特点为鳄鱼节省了不少能量，这使得它们可以更容易满足自身所需能量。不过这也使得它们容易受到环境的影响，如果周围环境温度过低，它们的代谢就会变慢，它们只能进入冬眠期。

尼罗鳄

鳄鱼鸟

•恐龙的近亲

鳄鱼是世界珍稀动物，具有2亿多年的生命史，是恐龙的近亲。但是曾经称霸地球的恐龙灭绝了，而鳄鱼却繁衍进化至今，成为迄今生存着的最原始动物之一。可见鳄鱼的生命力是非常顽强的，鳄鱼也由此成为地球上最古老的生物"活化石"之一。

5

而且，当尼罗鳄潜入水里的时候，眼睛会被一层透明的膜所覆盖。这层膜就像潜水镜一样能保护尼罗鳄的眼睛。透过它，尼罗鳄还能把水中的情形看得一清二楚。到了水里它们的鼻子和喉咙也会紧闭起来，这样尼罗鳄就不用担心被水呛到了。不仅如此，它们的身体大都呈深绿色或褐色，所以在热带水域里不容易被发现。

•吃一顿可以维持几周

鳄鱼曾被戏称为"饿鱼"，它们一般一周只吃一顿，但是一顿吃很多。有时吃上一顿可以维持好几周或一个月。它们在捕食时非常有耐心，悄悄地潜伏在水中一个隐蔽的地方，暗中观察，只要猎物自动送上门来，就会一口咬住。大吃一顿后，鳄鱼就会趴在岸边悠然自得地晒太阳。

尼罗鳄的牙齿不仅大而且非常结实，只要咬住猎物它们是绝对不会松口的。它们尾巴的力量也很强大，如果猎物挣扎着要逃走，尼罗鳄就会挥动起它那强有力的尾巴把猎物打倒，再用嘴将其拖入水里。

即使是这样**天不怕地不怕**的猎手，也有让它们头

疼的问题。尼罗鳄烦恼的倒
不是什么猛兽，而是塞在牙
缝里的肉渣和吸附在它们身
上吸血的水蛭和寄生虫。

·由温度决定性别的鳄鱼

幼鳄的性别普遍由孵化的温度决
定，28℃～31.5℃范围内孵化出的
后代全为雌性，到32℃后雄性的占
比就会猛增到66%，在32.5℃～33℃
范围内孵化出的幼鳄全为雄性。

因为爪子太短，即使身
体痒痒它们也不能用爪子去
挠；因为舌头太短，它们也不能像狮子或老虎一样舔一舔嘴或清理
口腔。所以无所畏惧的尼罗鳄对那些水蛭和肉渣**束手无策**。
不过幸好尼罗鳄有一个很好的朋友，那就是鳄鱼鸟（学名为燕千
鸟，又叫牙签鸟）。

到鳄鱼嘴里找食物

鳄鱼鸟身长只有22厘米，是一种比燕子稍微大一点儿的小型鸟
类。鳄鱼鸟在尼罗鳄栖息的河边吃虫子为生。

鳄鱼鸟经常光顾一个**恐怖地带**——其他鸟连想都不敢
想的"捕猎场所"。

这个地方就是鳄鱼的身体。鳄鱼鸟会飞到鳄鱼的背上，边走边
捕食一些寄生虫，再飞到鳄鱼的嘴里面捕食水蛭和塞在牙缝间的肉

渣。虽然是其他动物牙缝里的食物残渣，但是对于鳄鱼鸟来说，这些可是毫不费力就能得到的上等美食。加上这些食物存在于可怕的鳄鱼嘴里，所以也就不用担心被别的动物给抢走。

就这样，让鳄鱼厌烦的寄生虫、水蛭和肉渣就成了鳄鱼鸟的美食。但是鳄鱼鸟又是怎么轻而易举地飞进鳄鱼嘴里的呢？

鳄鱼是体温会根据外界温度的改变而改变的变温动

• 高明的水中闭气本领

鳄鱼虽然用肺呼吸，但是它水下闭气的本领甚至比鲸和海豚都要好，这主要归功于它特殊的生理构造。鳄鱼的血红蛋白氨基酸链有着非常奇特的构造，使得它们的血红蛋白的携氧量是其他动物的100倍以上。

恒温动物
始终维持一定的体温而不受外界温度变化影响的动物叫作恒温动物。哺乳类、绝大多数鸟类属于恒温动物。

变温动物
根据外界温度变化而改变自身温度的动物叫作变温动物。鱼类、两栖类、爬行类、无脊椎动物属于变温动物。

物。当体温下降到一定温度时，鳄鱼就不能自由行动。所以当早晨开始活动时或者刚从水中出来，它们就到有阳光照射的地方晒太阳。鳄鱼在晒太阳的时候，总会张开自己的嘴巴，因为比起被厚厚的皮所覆盖的身体，嘴巴是身体上吸收热量最快的部位。

每当这个时候，鳄鱼鸟就会飞进鳄鱼的嘴里。它们就是利用了鳄鱼张着嘴晒太阳的这一习性，从鳄鱼嘴里得到食物的。

鳄鱼唯一的朋友——鳄鱼鸟

鸟类也是鳄鱼很爱吃的动物，但是鳄鱼却从来不吃这位帮它除掉烦人的水蛭、寄生虫和肉渣的好朋友——鳄鱼鸟。

当然，对于鳄鱼鸟来说，鳄鱼也是它的好朋友。因为在生存条件恶劣的大自然里，动物们需要整日寻找食物，即使找到了食物也不一定能吃到嘴里，总是饥一顿饱一顿的，而鳄鱼鸟就不用担心肚子饿的问题了，它找到了一个提供食物的好地方，这是一件多么幸运的事情。而且，在这里捕食还不用担心吃食的时候被别的动物袭击，又安全又舒服。

鳄鱼鸟为了回报这位提供给自己食物的好朋友，充当起了鳄鱼的警卫员，如果发现附近有危险，它就会大声叫，提醒鳄鱼赶快躲起来。鳄鱼鸟这样做可是一举两得，不仅保护了好朋友的安全，而且还守住了好朋友为自己提供的捕猎场所，可以继续安心地享用它的肉渣大餐啦！

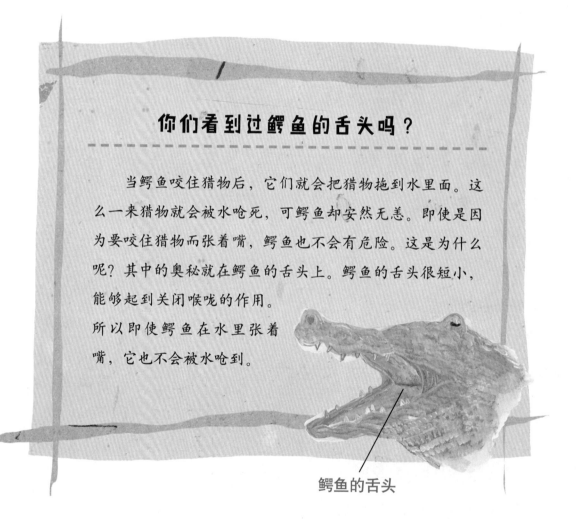

你们看到过鳄鱼的舌头吗？

当鳄鱼咬住猎物后，它们就会把猎物拖到水里面。这么一来猎物就会被水呛死，可鳄鱼却安然无恙。即使是因为要咬住猎物而张着嘴，鳄鱼也不会有危险。这是为什么呢？其中的奥秘就在鳄鱼的舌头上。鳄鱼的舌头很短小，能够起到关闭喉咙的作用。
所以即使鳄鱼在水里张着嘴，它也不会被水呛到。

鳄鱼的舌头

吃蚜虫蜜露的蚂蚁

蚂蚁，你们在吃什么呢？

阳光灿烂的初夏下午，凤仙花的枝条上已经爬满了小昆虫。仔细一看，蚜虫们正在努力地吸吮着凤仙花枝条里甘甜的汁液呢。

这时候，一群蚂蚁也沿着凤仙花的枝条爬到了这些蚜虫所在的地方。别看蚂蚁小，它们为了守护自己的领地，会不惜一切代价进

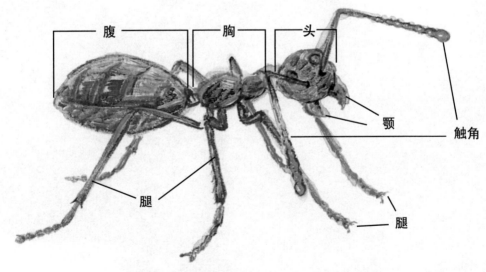

蚂蚁的身体被分为头、胸、腹三部分

• 各司其职的蚂蚁

蚂蚁跟我们人类社会一样，不同的形态有着不同的社会分工。所有的蚁科都过社会性群体生活。一般按照各自的职能分为四种类型：蚁后、雄蚁、兵蚁、工蚁。

行猛烈反击，即使对方是个大块头也毫不畏惧。但是很奇怪，这些蚂蚁并没有攻击蚜虫，而是用触角轻轻地碰了几下蚜虫们的屁股。这是怎么回事？

接下来**不可思议的事情**发生了。这些蚜虫的屁股上都结出了蜜露，而蚂蚁们就像是在喝蜜一样美美地喝起了蜜露。

突然，有一只瓢虫飞到了蚜虫们中间，张着大嘴想要吃掉蚜虫。就在这一瞬间，在一旁的蚂蚁迅速向这只瓢虫喷射出有毒的蚁酸。结果这只瓢虫**奄奄一息**，蜷缩着身子掉在了草地上。瓢虫连碰都没碰到蚜虫，就这样被蚂蚁们给打跑了。

那么，蚂蚁为什么要保护蚜虫，和瓢虫进行战斗呢？

从蚜虫的屁股后面分泌出来的又是什么呢？

·勤奋的工蚁

工蚁又称职蚁，无翅，是不发育的雌性，一般为群体中最小的个体，但数量最多。它们的上颚、触角和三对足都很发达，善于步行奔走。工蚁没有生殖能力。工蚁的主要职责是建造和扩大巢穴、采集食物、饲喂幼虫及蚁后等。

蚂蚁为什么要和瓢虫打架?

蚂蚁是一种身长只有0.5厘米左右的小小的昆虫。虽然这些身形娇小的蚂蚁看起来非常柔弱,但它们有着强壮的上颚,可以搬运比它们大好几倍的食物,它们还会用上颚来挖洞、建造蚁巢。它们的头上还有一双可以感知气味、分辨出味道的触角。**当遇到敌人时,它们就用上颚去撕咬对方,或者干脆用从腹部喷射出来的蚁酸攻击对方。**

蚂蚁随处可见。它们主要在草丛或树林里的地底下、石头下或者在枯木里挖洞生活,它们主要吃死虫子、花蜜和植物的种子等。蚂蚁找到食物后会把食物带回蚁巢喂养幼蚁,昆虫的尸体含有丰富的蛋白质,对幼蚁的生长发育很有帮助。

但是,死虫子、花蜜和植物的种子并不是那么容易就能找到的。蚂蚁们要走很多路、去很多地方才能找到死虫子,而且很多植物的种子只能在固定的季节才能吃到。

所以蚂蚁会找一些随时都能吃到的食物。像花蜜一样甜的、好吃的食物,比如从蚜虫的屁股里分泌出来的蜜露。而刚才的那些蚂蚁就是为了保护蜜露才与想要吃掉蚜虫的瓢虫打架的。

•蚁后

有生殖能力的雌性——母蚁，又称蚁王，在群体中体形最大，特别是腹部大，生殖器官发达，主要职责是产卵、繁殖后代和统管这个群体大家庭。

•短命的雄蚁

雄蚁又称父蚁。雄蚁有发达的生殖器官和外生殖器，主要职能是与蚁后交配。雄蚁在完成自己的使命后不久便会死去，是个短命"新郎"。

•没有"丈夫"也可以孕育后代

蚂蚁有两种生殖方式，一种是两性生殖，即雄蚁和雌蚁交配后，精子和卵子结合成受精卵，最后由雌蚁的产卵器把卵排出体外，发育成新的个体。另一种是单性生殖，亦称孤雌生殖，即卵可以不经过受精作用，就能够直接在雌蚁体内完成胚胎发育，一生出来就是新的个体。

15

蜜露的秘密

那么，蚜虫又是如何制造蜜露的呢？

蚜虫是一种身长仅为0.2厘米，个头非常小的昆虫。比起它们那胖胖的身躯，它们的腿显得过于纤细，所以移动起来格外费劲儿。它们主要在凤仙花、大豆、板栗树等植物的枝条和叶子上生活，以吸食这些植物的汁液为生。

在这些蚜虫所吃的植物的汁液里有非常丰富的糖分，但是其他营养素的含量却很低。为了补充那些不足的营养，**它们就会整天吸食着植物的汁液，然后把多余的糖分和水通过屁股排出去**，这样的排泄物自然会有甜甜的味道，这就是挂在蚜虫屁股上的蜜露了。

·战斗力爆棚的兵蚁

"兵蚁"是对某些蚂蚁种类的大工蚁的俗称，是没有生殖能力的雌蚁。头大，上颚发达，可以粉碎坚硬食物，在保卫群体时即成为战斗的"先锋"。

许多昆虫都会吃这些蜜露。而蚂蚁也是为了蜜露才会去积极地寻找蚜虫。为了保护向它们提供蜜露的蚜虫，蚂蚁会**奋不顾身**地与蚜虫的敌人战斗。

蚜虫不仅个头小，而且行动缓慢，是瓢虫、蜂蝇、草蜻蛉等许多昆虫首选的食物。特别是瓢虫，一只瓢虫一天能吃300多只蚜虫，而且瓢虫还会在蚜虫生活的附近区域产卵，让自己的幼虫在生长期能够吃到蚜虫。但是只要蚜虫的身边有蚂蚁为它们站岗，它们就不用太担心自己的生命安全，因为蚂蚁会尽职尽责地把那些敌人统统赶走。

蚜虫，不要担心，有我在呢！

虽然蚜虫非常弱小，但是它们可以在蚂蚁的帮助下保护自己。也许就是因为这样，有些蚜虫会把蜜露一直积攒在体内。当有蚂蚁过来用触角轻轻碰蚜虫几下后，蚜虫就会分泌出蜜露，供蚂蚁享用。当没有蚂蚁在的时候，它们就不会分泌出蜜露。

看在这香甜美味的蜜露的份儿上，蚂蚁对蚜虫朋友也特别好，不仅义不容辞地为蚜虫击退天敌，还会帮助把蚜虫移动到更新鲜的植物上。

17

原地不动，数量却不断增加

　　每年的春天和夏天，蚜虫群中基本全是雌性，这是因为过冬后孵化出来的幼虫多为雌性。这时，蚜虫的生殖方式是典型的孤雌生殖。也就是说，雌性蚜虫在没有与雄性蚜虫交配的情况下就能产下幼虫。这样的生殖循环可以持续到夏天。

共生

在大自然中，有些生物会被别的生物吃掉，有些生物会吃掉其他的生物，有些生物还会为了争夺领地而大打出手，有些生物则会互相帮助。在生物们的这些关系中，互相帮助着生活在一起叫作共生。

生物们生活在一起的原因有很多种。响蜜䴕（liè）为了得到可口的食物而帮助蜜獾；蚜虫为了防止受到敌人的攻击会向其他的生物提供蜜露；而寄居蟹为了得到"住所"会与其他生物共同生活。除此之外，还有为了去到新的环境而与其他生物共生的生物、为了传播种子或繁殖后代而与其他生物共生的生物。

大体来说共生的生物之间会互相帮助，但是有时共生并不一定使双方都受益。有时候共生对彼此都有帮助（互利共生），但也有的时候只有一方会受益，而另一方则既不会受益也不会受害（片利共生）。相反，有些时候虽然两种生物生活在一起，却只有一方受利而另一方却只会受害，这种关系就叫作"寄生"，寄生与共生的意思恰恰相反。

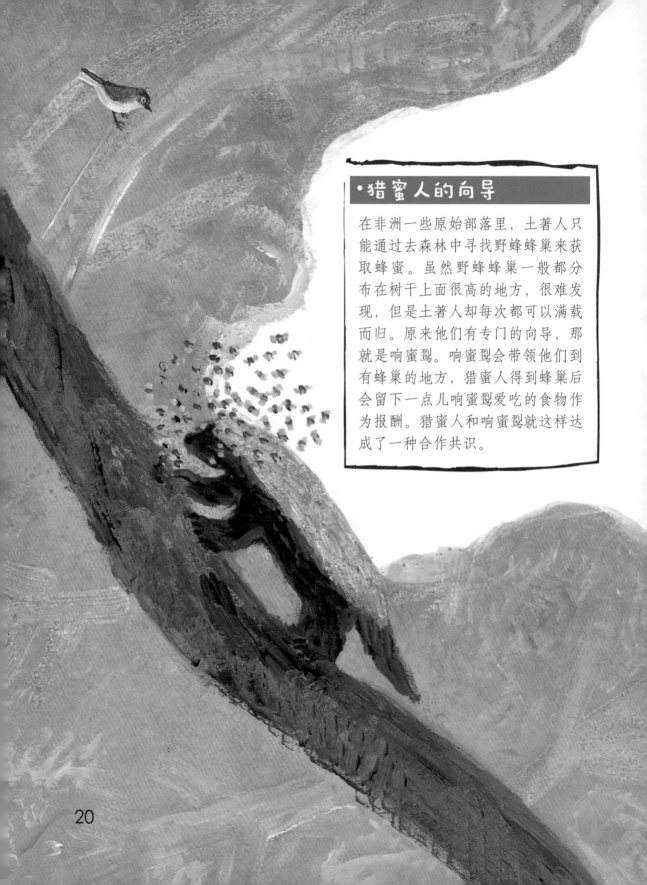

•猎蜜人的向导

在非洲一些原始部落里，土著人只能通过去森林中寻找野蜂蜂巢来获取蜂蜜。虽然野蜂蜂巢一般都分布在树干上面很高的地方，很难发现，但是土著人却每次都可以满载而归。原来他们有专门的向导，那就是响蜜䴕。响蜜䴕会带领他们到有蜂巢的地方，猎蜜人得到蜂巢后会留下一点儿响蜜䴕爱吃的食物作为报酬。猎蜜人和响蜜䴕就这样达成了一种合作共识。

蜜獾的领路者——响蜜䴕

吸引蜜獾的小鸟

在非洲一片茂密的树林里，有一只小鸟在**叽叽喳喳**地飞着。这时有一头蜜獾听到了这个声音，它开始跟着这只鸟跑。

当蜜獾落后很远的时候，小鸟就会停下来等蜜獾。等蜜獾走近了，小鸟才再次飞起来，给蜜獾引路。就这样它们不一会儿就来到一棵大树前，这棵大树的树枝上有个小洞，蜜蜂们就在那个小洞里筑巢。看到了蜂窝，蜜獾马上爬到树上，要用它那坚实的前爪扒开盖在蜂窝上的树皮。受到惊吓的蜂群**非常生气**，它们一起向蜜獾发起攻击，可是蜜獾却**毫发无损**，就像没什么事一

> **·一夫多妻制**
>
> 蜜獾的婚姻制是一夫多妻制，一只雄性蜜獾可以和多只雌性蜜獾进行交配。大概是因为妻子太多的原因，所以它们的后代都是由母亲抚养的。

21

样，把蜂窝端起来吃起了甜甜的蜂蜜。

不一会儿，填饱了肚子的蜜獾就慢慢地消失在草丛中。这时候，刚才的那只小鸟从树枝上飞下来，高兴地吃起了蜜獾吃剩下的蜜蜂幼虫和蜂蜡（蜂蜡是由蜂群内适龄工蜂腹部的四对蜡腺分泌出的一种脂肪物质。其主要成分有酸类、游离脂肪酸、游离脂肪醇和碳水化合物。此外，还有类胡萝卜素、维生素A、芳香物质等）。

把蜜獾指引到蜂巢的这只鸟原来是响蜜䴕。响蜜䴕为什么会把好吃的蜂蜜都让给蜜獾，而自己只吃幼虫和蜂蜡呢？

比蜂蜜还好吃的蜂蜡

响蜜䴕生活在非洲和亚洲的热带丛林里，以吃小虫子和果实为生。它们的个头和麻雀差不多大，而且羽毛的颜色也很暗淡，所以人们很难注意到它们。这些小鸟有一个很独特的饮食习惯，就是喜欢吃蜂蜡。

响蜜

22

· 世界上最无所畏惧的动物

蜜獾以"世界上最无所畏惧的动物"之名被收录于吉尼斯世界纪录大全数年。它们虽然外表看起来可爱，但性子异常凶猛，它们甚至敢于攻击任何动物。蜜獾喜食蜜蜂幼虫和蛹，它们会不顾自身的安危直接冲进蜂箱，还能够杀死幼年的尼罗鳄，甚至有些猎豹或者狮子在与蜜獾的交手中也会被蜜獾反杀。

蜜獾

· 辛苦的蜜獾妈妈

雌蜜獾怀孕期50～70天，小蜜獾12～16个月后才能独自生活，幼崽独立前完全依赖于母亲。一只母蜜獾每三五天就要叼着自己两个月大的孩子，疾奔1.6千米左右去寻找新的洞穴。一旦幼兽能够自己行走，母蜜獾和孩子就会分开在不同的洞穴居住，以此来降低被捕食者发现的概率和寻找更多的食物。

· 有效的蛇杀手

无论是有剧毒的蛇还是没有毒的蛇，要是倒霉地撞见了蜜獾，它们几乎都在劫难逃。蜜獾对蛇毒有很强的抵抗力，是世界上少有的对蛇毒有抵抗力的动物之一。所以它们甚至可以捕杀有剧毒的蛇。

蜂蜡不易消化，动物们基本上都不吃。但是响蜜䴕却非常喜欢吃蜂蜡，因为它们具备消化蜂蜡的能力。它们还

能闻到这些蜂蜡的味道并找出蜂巢的具体位置。

但是即使响蜜䴕找到了蜂巢，它们也不能马上去享用美味的蜂蜡。是因为害怕被蜜蜂蜇到吗？不是的。蜂巢一般都建在树干里面，所以仅凭响蜜䴕尖尖的小嘴是无法把树皮扒开的。

这就是响蜜䴕会引导蜜獾一直到蜂巢所在地的原因。**它们要让蜜蜂没办法对付的大力士——蜜獾——来替自己扒开树皮，然后再把蜂巢拿出来。**

为什么蜜獾不自己去找蜂蜜吃，而偏要与响蜜䴕结伴一起找蜂巢呢？

破坏蜂巢大王——蜜獾

蜜獾是生活在非洲和亚洲热带丛林里的獾类动物。它们一般白天都在洞里或岩石缝隙里睡觉，等太阳下山后才会出来觅食。蜜獾

比较喜欢吃老鼠、松鼠等小动物和水果，不过我们从它的名字就能看出来，蜜獾特别喜欢吃的食物是蜂蜜。

但是蜂巢大都建在树干里或岩石缝里，习惯于夜间行动而且视力不太好的蜜獾很难找到。

而响蜜䴕可以轻松地找到蜂巢，所以蜜獾经常会与响蜜䴕一同寻找蜂巢。作为报答，蜜獾也会帮助响蜜䴕拿到它们爱吃的蜂蜡。

有着像钩子一样尖锐前爪的蜜獾，可以**不费吹灰之力**地扒开树皮。而且由于蜜獾拥有一身厚厚的且韧性超强的毛皮，根本不怕蜜蜂的攻击。即使蜜蜂们成群袭来，蜜獾连眼皮都不会抬一下，依然**不慌不忙**地扒开树皮，端起蜂巢慢慢地舔食蜂蜜。吃完了蜂蜜，它会把蜜蜂的幼虫和自己不爱吃的蜂蜡留给向导——响蜜䴕。

一个指路，一个"作案"

虽然响蜜䴕和蜜獾都有各自的弱点，但它们可以齐心协力一起取得食物。真可

25

谓是一对"一个指路，一个'作案'"的默契黄金搭档啊！

在别人的巢穴里生蛋的响蜜䴕

有些响蜜䴕习惯把自己的蛋下在别的鸟巢里。它们会留意像啄木鸟那样把巢穴建在树洞里的鸟儿，当这些巢穴的主人出去觅食的时候，响蜜䴕就马上飞过去在巢穴里面产下自己的蛋。而蒙在鼓里的巢穴主人，会把响蜜䴕的蛋当作自己的蛋精心照顾。响蜜䴕幼鸟还会做出令"养父母"心碎的可怕事情。刚出生的响蜜䴕幼鸟会用自己尖尖的嘴，啄死那些先孵化出来的幼鸟，或者把那些还未孵化出来的蛋弄破。而这么做的原因竟只是为了独吞所有的食物。它们真是太自私了。

加拉帕戈斯海鬣的清洁工
——莎莉飞毛腿蟹

为什么总是掐别人的后背?

在加拉帕戈斯群岛中的一个岛屿上，一只刚刚在大海里游完泳的加拉帕戈斯海鬣（liè）（蜥蜴的一种）爬到岩石上晒起了太阳。不一会儿，一群红色的莎莉飞毛腿蟹爬到了加拉帕戈斯海鬣的身上。这些螃蟹好像一点儿也不害怕体形比它们大好几十倍的加拉帕戈斯海鬣，而且它们竟然还用自己的蟹钳掐起了加拉帕戈斯海鬣的后背。

奇怪的是，加拉帕戈斯海鬣一点儿都不生气，反倒高高兴兴地继续趴在岩石上，看上去很享受的样

•煮熟后的螃蟹为何会变为红色？

螃蟹是一种很神奇的动物，明明看着是青灰色的螃蟹，结果煮熟后就变成红色了。这是什么神奇的魔法？其奥秘就在于螃蟹皮下的色素。螃蟹的真皮层含有红、黄、蓝、青四种色素细胞。这四种颜色混在一起就呈青灰色，但是煮熟后其他色素都分解掉了，只剩下红色的虾红色素，所以就呈红色了。

•加拉帕戈斯海鬣的独特构造

加拉帕戈斯海鬣是世界上唯一能适应海洋生活的鬣蜥。由于环境所迫，它们进化出了可以适应海洋生活的独特构造，例如它们的尾巴要比一般鬣蜥的长，使得它们可以在海里自由地游弋，它们那带钩子的爪子也很锋利，从而可以不被大浪冲走，而且可以在有洋流的海底稳稳地行走。

28

子。为什么加拉帕戈斯海鬣不去教训这些在自己的背上掐来掐去的螃蟹呢？

害惨了加拉帕戈斯海鬣的坏蛋们

　　加拉帕戈斯海鬣是只有在加拉帕戈斯群岛才能看到的一种稀有的动物。这种动物也是世界上唯一一种能适应海洋生活的鬣蜥科动物，它们的长相非常独特。除去尾巴的长度，**加拉帕戈斯海鬣的身长大约有1米，浑身长满了凹凸不平的角质鳞片，而且背上还长着一排尖刺，活像一只恐龙。**

　　加拉帕戈斯海鬣看起来很暴躁，它们其实是一种性情非常温顺的动物。它们喜欢生活在岩石较多的海边，一般来说一个群体里会有数百只加拉帕戈斯海鬣共同生活。雄性间除了在交配季节偶尔进行争斗之外，平常它们相处得都很融洽。而且，它们也不会轻易攻击其他的动物。肚子饿的时候，它们

• 所谓的蟹黄、蟹膏究竟是啥？

许多爱吃蟹的人多是奔着美味的蟹黄和蟹膏来的，蟹黄吃起来味道犹如腌熟的咸蛋黄，却又更美味，蟹膏嫩滑鲜美。那蟹黄、蟹膏究竟是什么呢？其实蟹黄、蟹膏是螃蟹的卵巢和精囊，简单来说，就是雌蟹和雄蟹的生殖器官，它们的主要成分是胆固醇，所以不宜多吃。

• 脸上的 "排盐孔"

在加拉帕戈斯海鬣的眼睛和鼻子之间有两个腺，能够每隔一定周期排出体内多余的盐分。当它们体内的盐分过多时，海鬣蜥就会高高地昂起头，打出一个强劲的喷嚏，喷出一股白色的晶体。

• 能够自主调节心率的海鬣蜥

加拉帕戈斯海鬣有一个独特的功能，它们能够根据环境自主调节自己的心跳节奏。下潜时，心率减慢；升到水面时，心率加快。而在预感到鲨鱼即将来临时，能立即停止心脏跳动，使敌人不易发现它们。

加拉帕戈斯海鬣

• 神奇的 "缩骨功"

听说海鬣蜥具有 "缩骨功"，这是怎么回事呢？其实这也是它们适应环境的一种表现。当饥荒之年到来或温度下降很多时，如果体形过大，那它们消耗的能量就会更多。为了减少能量消耗，它们会缩小自己的体形，不过等水温上升、食物变多后，它们又会变回原来的体形。

会到海里吃一些海藻，吃饱了再回到阳光充沛的地方懒懒地享受日光浴。

因为加拉帕戈斯海鬣性格太温顺了，所以经常会受到海鸥和加拉帕戈斯鹰的攻击。即使是这样，加拉帕戈斯海鬣也不会轻易进行反击。这个时候它们会马上跳入海里，不去理会那些烦人的飞鸟们。

但也有一些敌人无论怎样也摆脱不了，它们就是像蜱（pí）一样的寄生虫。蜱吸附在加拉帕戈斯海鬣的背上以吸血为生，这些恶毒的家伙一生都会待在加拉帕戈斯海鬣的背上吸食血液。有时加拉帕戈斯海鬣会因此而生病，严重的时候还有可能丧命。

莎莉飞毛腿蟹用它们的蟹钳在加拉帕戈斯海鬣的背上掐来掐去，其实是在帮助加拉帕戈斯海鬣消除蜱这种寄生虫。

莎莉飞毛腿蟹找到的"懒鬼"猎物

莎莉飞毛腿蟹生活在加拉帕戈斯群岛的海边。它们的身体呈红色，喜欢在海边的岩石附近生活。

莎莉飞毛腿蟹也像其他螃蟹一样用八条腿爬行，并用一对巨大的蟹钳捕食猎物。它们的爬行速度非常快，人们是很难捉到它们的，所以它们的名字中才有"飞毛腿"这个词。当受到威胁时，它们会转眼间就钻进水里或石头缝里。

不幸的是，在加拉帕戈斯群岛的海滩上，爬得快的不只有莎莉飞毛腿蟹这一种动物。作为莎莉飞毛腿蟹食物的小虫子们的逃跑速度也非常快。因为在这藏身之处很少的海滩上，只有那些遇到危险时跑得快的动物才能生存下去。

莎莉飞毛腿蟹帮助加拉帕戈斯海鬣的理由也在于此。莎莉飞毛腿蟹在海滩上找到了一种行动**非常缓慢**的猎物，而且那些猎物还生活在**温顺**的加拉帕戈斯海鬣后背上。它们就是附在加拉帕戈斯海鬣背上的寄生虫——蜱。

就这样，加拉帕戈斯海鬣和莎莉飞毛腿蟹就成了很要好的朋友。等加拉帕戈斯海鬣在海里吃饱了海藻，爬到海滩上时，莎莉飞毛腿蟹就会爬到加拉帕戈斯海鬣的背上，用它们那**又尖又大的蟹钳**吃那些美味可口的蜱。

加拉帕戈斯群岛上的深厚友情

以前当我们看到莎莉飞毛腿蟹用自己的蟹钳掐加拉帕戈斯海鬣

后背的景象时，也许会认为莎莉飞毛腿蟹是个不知天高地厚的坏家伙。但是现在我们知道真相了，原来莎莉飞毛腿蟹是在帮助加拉帕戈斯海鬣消灭掉那些可恶的蜱呢！而长相酷似恐龙，看起来很可怕的加拉帕戈斯海鬣其实是一种只吃海藻的温顺动物。看来无论是什么，我们都不能只凭表面盲目地作出判断。

领地

动物们在产下幼崽、养育幼崽、睡觉休息或捕食猎物的时候都需要一定的宽阔空间，而这个空间就叫作领地。领地对于动物的生存和养育后代都有着很重要的影响。如果没有属于自己的一片领地，动物们不仅生存不下去，就连交配都进行不了。所以即使是温顺的加拉帕戈斯海鬣，到了交配的季节也会因为争夺领地而进行激战。如果雄性没有争夺到足够大的领地，就得不到雌性的青睐，自然也就繁衍不了后代。

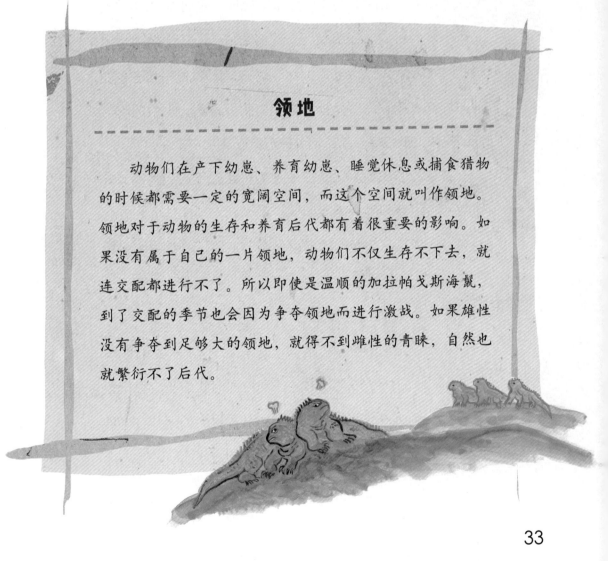

改变生物学历史的加拉帕戈斯群岛

加拉帕戈斯群岛（科隆群岛）位于南美大陆 1000 千米的太平洋上，是由 13 个较大的岛屿和 6 个较小的岛屿以及无数个礁岩组成的。这些岛屿远离陆地，陆地上的动物和植物物种很难传到这里。所以加拉帕戈斯群岛拥有许多在别的地方无法看到的奇特动物和植物。具有代表性的动物有加拉帕戈斯陆龟、加拉帕戈斯海鬣、达尔文雀等。

在加拉帕戈斯群岛，即使是两座相邻不远的岛屿，其动物和植物的种类也是不同的。例如，生长的地方和食物种类不同，达尔文雀的喙的模样会有所不同。据说本来达尔文雀只有一个品种，后来在适应各自生活环境的过程中，喙的模样就逐渐发生了变化。

主张进化论的英国生物学家查尔斯·罗伯特·达尔文就是在观察了加拉帕戈斯群岛的动物和植物之后，根据观察结果，在 1859 年撰写了名为《物种起源》的著作。在这部著作中，达尔文认为只有那些能够适应环境的生物才能

加拉帕戈斯海鬣

加拉帕戈斯陆龟

生存下去，而那些适应不了环境的生物则会遭到淘汰。这个理论引起很大轰动，对于当时那些信奉动物和植物是上帝创造出来的人，是一个很大的打击。

　　加拉帕戈斯群岛是进化论的诞生之地，对现代生物学有重大影响，而今天再一次引起了生物学界的极大关心。在加拉帕戈斯群岛周围，2600米的深海里有一个可以喷发出超过350℃硫化物的海底热泉。科学家们最近在这里发现了从硫化物中吸取能量的细菌、长度超过3米的管虫、像足球般大小的贝壳等新物种。科学家们认为，这里的环境与地球上的生命刚诞生时的环境很相像，为了揭开地球生命是如何诞生的谜团，他们正努力研究海底热泉附近的生态系统。

屎壳郎最喜欢牛的粪球

搬运牛粪

在遍地都是牛粪的牧场上，有一只昆虫正在努力地工作着。上前一看，原来那是一只屎壳郎（学名为蜣螂）。屎壳郎把牛粪制成了一个汤圆般大小的球，然后倒立起来并用后腿用力推起了粪球。

滚动一直都很顺利的粪球突然被一个小石子挡住了去路。尽管屎壳郎很卖力地推，但粪球还是一动不动地待在原地。屎壳郎没有放弃，与这个粪球进行了几分钟的"摔跤"后，它终于把粪球从小石子上面推了过去。

·牛有四个胃？

牛的胃非常神奇，它的胃分成四个部分，分别是：瘤胃、蜂巢胃、重瓣胃和皱胃。但是实际上真正意义上的胃只有皱胃，因为只有皱胃是分泌胃液的。皱胃常常也被称为"牛肚"，里面布满了褶皱。

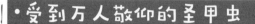
·受到万人敬仰的圣甲虫

在古埃及，屎壳郎是具有很高地位的，它们被认为是一种很神圣的动物。那时，科技还不是很发达，人类文明也相对落后，所以很多现象都无法用科学知识来解释，大部分人认为那些不能解释的事情都是神的安排。古埃及人相信在空中有一个巨大的蜣螂，名叫"克罗斯特"，是它用后腿推动着地球转动的。在埃及，有蜣螂图腾的物品也被认为是一种吉祥物。

37

这一路上，屎壳郎在推粪球的过程中碰到了好几个障碍物，但最后它还是坚持不懈地把粪球推进了自己的洞里。

　　屎壳郎到底为什么要做这么辛苦的事情呢？

既好吃又有营养的牛粪

　　屎壳郎是属于甲虫类的昆虫。它们的身长在0.5～3厘米，身体的颜色呈黑色，而且很有光泽。

　　屎壳郎生活在山岳地带的广阔牧场或草原等有牛的地方，以吃牛、马、大象、猴子、人等哺乳类动物的粪便为生，它们尤其喜欢吃大型动物的粪便，比如牛的。

　　牛不能完全消化掉自己所吃的食物，它们只能消化其中的一部分，然后把没消化完的东西排出体外。所以比起其他动物的粪便，牛的粪便不仅量多而且还很有营养。在牛粪里有很多可以作为屎壳郎养分的蛋白质、酵母、细菌等成分。加上没有生命的牛粪既不会逃跑，又不会攻击屎壳郎，所以对于小小的屎壳郎来说，把牛粪作为自己的食物再好不过了。这么有营养的食物，屎壳郎是不会随随便便地就这么吃掉的。它们会把这些牛粪与泥土混合在一起，制成圆圆的粪球，再推到自己的窝里，慢慢地享用。有时候，**屎壳郎**

•吃粪便长大的屎壳郎竟然是重要的中药

说来真奇怪，天天在粪堆里打滚的屎壳郎不仅没有受到嫌弃，反而还受到了人们的重视，竟然被人们发现了药用价值。在中国很早就有对屎壳郎药用价值的记载。不过还算能让人接受的是，主要是用来外敷。其实很多东西可能看起来令人厌恶，实际上却大有作用。

屎壳郎

•小小屎壳郎看天走路

当我们在森林中迷路的时候，我们可以通过北极星来辨别方向。那你知道屎壳郎在黑夜中是如何辨别方向的吗？科学家发现，屎壳郎可以通过银河系光芒的"导航"直线行走。

•大自然的清洁工

屎壳郎是腐食性动物，在大自然中充当分解者的角色。分解者在生态系统中具有非常重要的地位，它们能把动物、植物残体中复杂的有机物分解成简单的有机物，释放到环境中，供生产者（一般是植物）再一次利用。如果没有分解者，这个生态系统将会崩溃，粪便和动物残体也会堆积成灾，无法入土为泥。

39

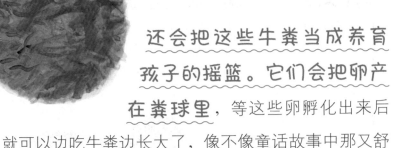

还会把这些牛粪当成养育孩子的摇篮。它们会把卵产在粪球里，等这些卵孵化出来后就可以边吃牛粪边长大了，像不像童话故事中那又舒适又好吃的巧克力屋啊？

屎壳郎没事的时候，总会徘徊在牛群附近，碰到牛粪就把它们制成粪球，然后推到自己的窝里。其实，连屎壳郎自己都不知道，它们的这种行为，在不知不觉中帮了牛群的一个大忙。

因为粪便而苦恼的牛

牛是我们日常生活中经常能见到的一种动物。它们是食草动物，成年的牛体重有300～400千克。因为牛的体形庞大，所以一天要吃很多草。在醒着的时候，牛基本上都在吃草，或者是在反刍（把半

•拯救澳大利亚的屎壳郎

澳大利亚是个畜牧业大国，全国共有上千万头牛。然而，养殖的牛数量多起来后，澳大利亚就碰上了一个大难题，那就是成堆的牛粪该如何处理。澳大利亚本土的屎壳郎都不愿亲近牛粪，堆积的牛粪便成了苍蝇的圣地，这可让人们坐不住了。后来澳大利亚就从中国进口了上万只屎壳郎，这个问题才得以解决。

消化掉的食物重新送回嘴里再次咀嚼）。可想而知，吃那么多东西的牛会拉出多少粪便。一天下来，牛平均会拉10～15次大便。只要是牛群所在的地方，周围都会布满牛粪。

四处都是牛粪的话，不仅会散发出很难闻的气味，而且还会有卫生方面的问题。因为粪便会引来大量的厩螫（jiù shì）蝇（苍蝇的一种）。厩螫蝇是一种附在牛背上，以吸食牛血为生，还会传播疾病的非常难缠的动物。闻到粪便味而来的厩螫蝇会在牛粪里产卵。而从卵里孵化出来的小厩螫蝇吃着牛粪长大，成年后它们也像自己的妈妈一样去吸食牛血。

不过即便这样，牛总不能憋着不便便吧。屎壳郎就这样不知不觉地成了牛的好帮手，它们把牛粪推到自己窝里，厩螫蝇就不会蜂拥而至来骚扰牛了。

不一样的友情，不一样的共生

夏天，牛忙着吃草，根本没空去管屎壳郎在干什么。而屎壳郎也忙着做自己的事情，也没空去理牛是不是在认真地吃着草。

但是看起来毫无关系且外表差异很大的两种动物，其实早就以"牛粪"为纽带，建立起了想分也分不开的友情。

大自然的清洁工——屎壳郎

被称为"野生动物王国"的非洲，有塞伦盖蒂国家公园和马赛马拉国家公园。在这两座国家公园里生活着很多牛羚、大象、斑马、羚羊、黑斑羚等大型食草动物。自然，这些动物一天拉出的粪便量也相当多。但是热带草原并没有变成粪便的海洋，这其中屎壳郎功不可没。食草动物刚排出粪便，屎壳郎们就迅速地聚到那里，没几分钟工夫就把那些粪便清理干净了。所以人们又把屎壳郎亲切地叫作"大自然的清洁工"。

为海葵寻找食物的小丑鱼

在海葵触手间来回游动的是什么东西？

在那碧蓝的海洋中，有一只海葵在珊瑚礁上摆弄着自己的触手。而在这些触手之间，有一条带有白色条纹的黄色小鱼像一只蝴蝶落在花瓣上似的，轻轻地落在触手上，原来那条小鱼正在休息呢。

看到了这条可口的黄色小鱼，又有一条鱼游向了海葵的触手附近。但是那条鱼刚一碰到海葵的触手，身体就变得僵硬起来。而海葵自然不会错过这个绝好的机会，它用藏在触手间的嘴一口吞掉了那条鱼。像花瓣一样飘动的美丽触手，原来竟是海葵的捕猎武器。

那么，那条在海葵的触手间休息却没有被海葵吃掉的小鱼是什么鱼呢？它又是如何避开海葵攻击的呢？

> ### • 半植物性的动物
>
> 海葵看上去很像一株独特的水下植物，但长期以来被归类为掠食性动物。从基因角度来讲，它们的基因组结构类似于人类基因。但是它们的部分基因又表现得和植物非常类似，而且它们还呈现出类似植物的特征。

•海底的"京剧演员"

小丑鱼是对雀鲷科海葵鱼亚科鱼类的俗称，称它为"小丑鱼"其实并非是它长得丑，而是因为它的脸上有一条或两条白色条纹，就好似京剧中的丑角，所以得名"小丑鱼"。因为它们和海葵关系亲密，所以又常常被称为"海葵鱼"。

海葵的铜墙铁壁

刚才在海葵的触手间休息的小鱼叫作小丑鱼。小丑鱼主要生活在印度洋和太平洋等珊瑚礁比较多的干净海域中，以吃浮游生物为生。它们的身长大概有10厘米，身体的颜色非常美丽。小丑鱼中代表性的品种是在亮橘色的身体上有白色条纹的"**黑背心小丑鱼**"。这种小丑鱼的颜色非常艳丽，在远处都能一眼看到。

体形这么小的鱼，加上身体的颜色还这么艳丽，很容易被捕食者发现并吃掉。所以小丑鱼就选择生活在**铜墙铁壁**般的要塞——海葵的触手之间。

海葵的触手上布满了刺丝囊，这些刺丝囊平时处在关闭的状态。一旦受到刺激，**这些刺丝囊就会发射出毒针，被这种毒针刺到的鱼轻则动弹不得，重则中毒身亡**。这个时候，海葵就会用藏在触手间的嘴巴一口吞掉这些鱼。

·没有肛门的海葵怎么排泄废物？

海葵属于腔肠动物，它们是没有肛门的。吃东西时，它们先将捕捉到的食物送进嘴里，然后送到消化腔中消化、吸收部分营养，最后再把食物残渣从口中吐出。虽然有点儿恶心，但是没有肛门的它们也就只能一嘴多用了。

小丑鱼

小丑鱼就是利用海葵这些可怕的触手来击退敌人的。<u>因为小丑鱼身上有一层保护膜，所以它们对海葵的触手有免疫作用。</u>当遇到敌人时，小丑鱼就会立刻躲进海葵的触手间，即使是再大再凶的鱼也不敢轻易进攻它。有时候，那些没有经验的猎手会莽撞地冲向海葵触手间的小丑鱼，但是最后都被狠狠地教训了一顿。因为当那些鱼接近海葵时，海葵会把它们当成是攻击自己的敌人，毫不犹豫地发射毒针。对于小丑鱼来说，没有比海葵的触手更安全有效的防御武器了。

那么，小丑鱼也能帮助海葵吗？

海葵大哥，我给你引来一些猎物吧！

生活在珊瑚礁或海底岩石上的海葵是一种长相非常独特的动物。它们的身体呈空桶状，嘴周围长满了像花瓣一样美丽的触手。海葵就像开在海里的花朵一样，而它们的名字也因此而得来。

只要是能用嘴吞下去的，海葵都会吃掉，它是一种很可怕的猎手。它用像花瓣一样的触手发射出可怕的毒针来捕食虾、螃蟹、鲽

•吃不得也摸不得的"假葵花"

海葵所分泌的毒液对人类伤害不大，但如果我们不小心摸到它们的触手，就会受到拍击而有刺痛或瘙痒的感觉。假如把它们采回去煮熟吃下，还会产生呕吐、发烧、腹痛等中毒现象。因此，海葵既摸不得也吃不得。

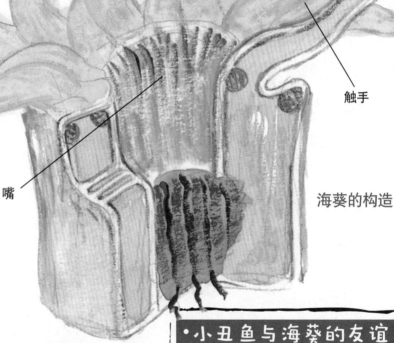

触手

嘴

海葵的构造

•小丑鱼与海葵的友谊

小丑鱼虽然常常出生在海葵的手掌中，但是它们却并非生来就和海葵有很亲密的关系。刚刚出生的小丑鱼会在水层中生活一段时间，之后才开始选择适合它们生长的海葵群。而且不是任何一种海葵都适宜和它们做朋友。

•极具领域观念的小丑鱼

小丑鱼具有很强的领域观念，通常一对夫妇会占据一个海葵，然后它们就会抵触其他同类，不过如果它们所在的海葵足够大的话，它们也会允许一些其他的幼鱼进来。但是，它们的统领地位是不可侵犯的。

47

鱼、鳕鱼等比自己小的动物。

海葵也有烦恼。虽然它是一种动物，但却不能像其他动物那样自由移动，只能附着在其他动物身上或坚固的物体表面上，即使不停地移动一个小时，也只有几厘米的距离。所以海葵即使有很厉害的武器，它们也不能尽情地去捕猎。它们能做的就是待在原地，等食物自己送上门来。

而海葵不去攻击小丑鱼的原因也就在这里。当美丽耀目的小丑鱼在海葵的触手间游动时，很多鱼都跃跃欲试，想要吃掉它。可它们想不到自己只要一扑上去就会成为海葵的盘中餐，这样海葵毫不费力地就解决了食物问题。

放心吧，我绝对不会用触手蜇你

因为生活在海葵的触手间，小丑鱼可以躲避其他捕食者的攻击。而小丑鱼为了感谢保护自己的海葵，也会充当海葵的诱饵，为海葵招来猎物。

就像我们前面所讲的那样，小丑鱼身上有一层可以抵御海葵毒针的保护膜。所以即使被海葵的毒针刺到，小丑鱼也不会死掉。但是海葵却非常担心自己会伤害到这位好朋友，当小丑鱼在海葵的触手间来回游动时，海葵就会把触手蜷缩起来。

可以从雄性变成雌性的小丑鱼

在大海葵身上，有时会有好几条小丑鱼共同生活。如果你想分辨出它们的性别，其实很简单。体形最大的就是雌性，而其他的就全都是雄性了。但是当体形最大的雌性小丑鱼死去后，会发生一件很有趣的事情。在剩下的雄性小丑鱼当中体形最大的那条会变成雌性，而变成雌性后，小丑鱼的身体也会慢慢变大，再过大概4～9周后，那条变成雌性的小丑鱼还会具备生育能力。就这样，它们不用接受变性手术也能自己变换性别。

经常加班的鱼大夫——清洁鱼

海鳝会放过它们吗？

在夜深人静的夜晚，一个热带珊瑚礁上，有一只海鳝正藏在洞里**静静地窥视**着外面。这时候，有一条小鱼**漫不经心**地从海鳝的洞穴前游了过去。突然，海鳝把长长的身子一伸，用尖刀般的牙齿一口就咬住了那条可怜的小鱼。

不久，又有几条青白色条纹和黑色条纹相间的小鱼，游向了海鳝的洞穴。

但脑袋还露在洞外的海鳝却一点儿都没有想吃掉这些小鱼的意思。难道是因为海鳝吃饱了？令人惊讶的是，那些小鱼却反过来开始"攻击"起可怕的海鳝！一会儿咬它的皮肤，一会儿又咬它的鱼鳃。不仅如此，当海鳝张开大嘴时，这些

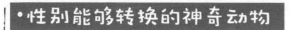

•性别能够转换的神奇动物

在清洁鱼的家庭中，雄鱼可以"妻妾成群"，而且雌鱼们还要无怨无悔地跟随雄鱼。有时候一条雄鱼后面可以跟着一长串的雌鱼，它们的先后次序是严格按等级排列的。如果雄鱼不幸短命，地位最高的那条雌鱼就会挑起家庭的重任，成为这群雌鱼的首领。而且神奇的是，不久这条雌鱼竟然变成雄性了。

·清洁鱼不辞劳苦给大鱼治病的原因

清洁鱼简直就是上天派给大鱼们的天使，它们每天都不辞辛苦地给大鱼们进行全身清洁杀虫。清洁鱼表面上是在给大鱼们治病，但其实它们只是在觅食，填饱自己的肚子罢了。它们的食物就是导致大鱼们难受的寄生虫和食物残渣。

海鳝

·善于隐藏的捕猎高手

海鳝平时喜欢躲在石头缝隙里，只探出一个头来，静静地等待着猎物的到来，一旦有猎物经过，它们就迅速咬住猎物。当然有时在一个洞里可能同时住着很多条海鳝，这时就要比谁的反应更加迅速了，不然就只有眼馋的份儿了。

小鱼竟然还主动钻进了海鳝的嘴里！它们还能活命吗？

唉，这些烦人的寄生虫！

　　豹纹海鳝是生活在热带海域珊瑚礁里的一种凶猛的鱼类。白天，豹纹海鳝在珊瑚礁的洞穴里休息。到了晚上它们就开始从洞穴里探出脑袋来捕食小鱼。像虾、螃蟹、章鱼、鱿鱼这些美味海鲜，豹纹海鳝绝不会放过。

　　这么可怕的猎手，也有令它们畏惧三分的敌人。它们的敌人不是鲨鱼或者鲸鱼这样的大型动物，而是那些肉眼难以看见的寄生虫。豹纹海鳝经常因为附在鱼鳃上的寄生虫而窒息，或是因为附在体表上的寄生虫而产生炎症，甚至丢掉性命。而豹纹海鳝对这些可恨的寄生虫根本无能为力。

　　痛苦不堪的豹纹海鳝有时候会把身体在珊瑚礁或岩壁上来回蹭几下。可是这样也无济于事，反而让伤口变得更大。幸运的是，豹纹海鳝有一些可以帮助其除掉寄生虫的好朋友。它们就是看起来像是在撕咬豹纹海鳝的皮肉和鱼鳃，往来穿梭于豹纹海鳝嘴里的清洁鱼。

大海里的医生

　　清洁鱼是一种生活在海洋里的鲜艳夺目的小鱼，学名叫霓虹刺鳍鱼，专为生病的大鱼清洁身体，所以又叫"**鱼大夫**""鱼医生"。

　　这些小鱼的"食堂"在哪里呢？告诉你们吧，它们的食堂就在像海鳝一样的大型鱼类的身上。你们是不是要问那岂不是去送死？难道这些清洁鱼就不怕被大鱼吃掉？不用担心，这种事情是绝对不会发生的。

　　清洁鱼主要以吃大鱼身上的寄生虫、牙齿间的肉渣、伤口上的坏死组织和致病的微生物为生。正是因为这样，清洁鱼在吃食的同时也能帮大鱼们预防疾病，还能治疗伤

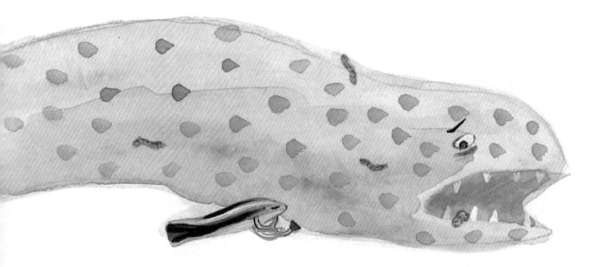

口。所以那些大鱼怎么可能吃掉清洁鱼呢？感谢还来不及呢！即使是动物，它们也能分辨出伤害自己的敌人和帮助自己的朋友。清洁鱼还穿着一身鲜艳的"衣裳"，好像在向大家说"我是给大家治病的医生"。不仅是凶猛可怕的海鳝，其他的大鱼一般也都不会吃掉这位"医生"的。

有时候，在许多鱼经过的珊瑚礁附近，会有好几条清洁鱼聚在一起。海鳝就会像去医院一样去那里。到了"医院"后，它们把鱼鳃和大嘴张开，向这些"医生"展示自己身上的寄生虫或塞在牙缝里的肉渣。为了让清洁鱼能更方便地吃到浑身上下的寄生虫，这些大鱼还会来回翻身子。

想要接受治疗吗？那就到珊瑚礁来找我们吧！

清洁鱼靠吃大鱼身上的寄生虫和塞在牙缝里的肉渣以及伤口附近溃烂的腐肉为生，它们不仅能轻松地得到食物，而且生命也能得到保障。不过这些清洁鱼的生活并不像我们想象的那么安逸。因为珊瑚礁里时常会有鱼群为了得到清洁鱼的治疗而排起长队。有时候清洁鱼要在6个小时的时间里，为300多条鱼进行"治疗"。为了做个"好医生"，清洁鱼每天都忙得不可开交。

小心，那是假清洁鱼！

在热带海域的珊瑚礁附近，有一种鱼和清洁鱼长得很像，却经常伤害其他鱼类。这些假清洁鱼会假装帮大鱼做清洁而接近大鱼，然后一口咬下大鱼的皮肉或鱼鳃里的嫩肉。它们的行为经常会给大鱼造成很大的伤害。

清洁鱼

假清洁鱼

交换子女养育的鳑鲏鱼和河蚌

它们怎么在别人身上产卵?

5月是淡水鱼类交配的季节。一天,河水里有一对鱼夫妇正匆忙地游向某个地方。其中,雄鱼的身子变成了红色,而雌鱼的腹部露出了一条长长的输卵管(这是一个产卵的器官,位于雌鱼腹部的下方),看来那条雌鱼要产卵了。

但是它并不像其他鱼类的雌性那样把鱼卵产在水草丛里或是河底的石头缝隙,而是把输卵管插进了从泥沙中露出半个身子的河蚌的身体里,然后产下了鱼卵!

这种鱼叫作鳑鲏(páng pí)鱼。鳑鲏鱼为什么会把卵产在河蚌的身体里呢?

请你帮我带一带孩子吧

鳑鲏鱼是一种生活在欧洲中南部和亚洲东北部淡水流域里的鲤

科鱼类。它们的身体长为6厘米左右，在江河或溪水里以吃浮游生物为生，一般在每年的4～6月产卵。

令人不解的是，雌性鳑鲏鱼会把输卵管插在河蚌的进水管里，然后在那里产下鱼卵。雄性鳑鲏鱼对此也无可奈何，为了繁殖后代，它们也只能向河蚌授精了。

受精的鳑鲏鱼卵不久就会在河蚌的身体里孵化出来。鳑鲏鱼就是这样把自己的孩子交给河蚌抚养的。

但是鳑鲏鱼这种看起来不负责任的行为，其实饱含着它们对子女深深的爱。一般来说，鱼类都没有能力保护鱼卵或小鱼，所以那些鱼卵或小鱼经常会成为青蛙和在水里生活的昆虫的腹中餐。河蚌有坚硬的外壳，在它们的保护下，鳑鲏鱼的孩子们可以安全地长大。所以鳑鲏鱼的鱼卵虽然比其他鱼类少，但是成活率却很高，大多数鱼卵都能成功地孵化出来。一个月后，这些孵化出来的小鳑鲏鱼就从河蚌的身体里游出来，这个时候的它们已经具备一定的生存能力了。

• 天然的净水器

河蚌可以有效地净化湖水，它们是如何做到的呢？这主要归功于它们的滤食性。它们捕食、呼吸和吸水同时进行，水中的悬浮物从水管进入外套膜，然后在腮和唇瓣的纤毛的作用下进行定向运动，水中的微粒被捕获。随后颗粒会变大，一部分被河蚌吃掉，另一部分就会沉入水底，从而达到净化湖水的效果。

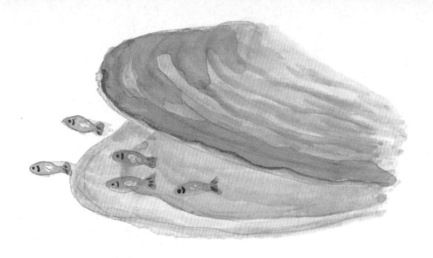

河蚌为什么乐意帮助鳑鲏鱼呢?

河蚌是生活在江河与湖泊中的一种贝壳类动物，体形较大。

和其他贝壳类动物一样，河蚌也从进水管吸水，并食用水中的有机物和浮游生物，再从出水管排出多余的水和一些排泄物。

但是它们的繁殖方式却与其他的贝壳类动物大相径庭。大部分的贝壳类动物都是由雌性向水中排卵，再由雄性对这些卵授精。受精卵孵化出来后，会随波漂流生活一阵子，等长到一定程度后它们就沉到水底定居。但是河蚌却在自己的身体里给卵授精，并在自己的身体里孵化受精卵。

等这些受精卵孵化出来后，河蚌就会通过出水管把小河蚌送到外边的世界。当然，它们不是不负责任地把孩子送走，当鳑鲏鱼靠近自己时，河蚌就会把孩子托付给它们。

60

•原来河蚌也是有脚的呀!

平时我们看到的河蚌好像是没有脚的,外面只有两片硬硬的壳,那它们是如何钻入泥里面去的呢?其实它们是有"脚"的,只不过它们的"脚"平时都藏在壳里,我们没看见而已。它们的"脚"又叫作"斧足",实际上就是斧头形状的肌肉,河蚌就是靠它慢慢地移动的。

鳑鲏鱼

•一到繁殖期就爱打扮的雄鱼

鳑鲏鱼的雄鱼有一个特点,就是一到繁殖期就爱打扮,它们的身上会呈现鲜艳的婚姻色,体侧有绚丽发亮的纵行彩虹条,具有很高的观赏价值。

•喜欢结伴而行的鳑鲏鱼

鳑鲏鱼喜欢结群出游,所以我们平时看到鳑鲏鱼时常常是一大群。

而小河蚌会以为鳑鲏鱼就是自己的爸爸妈妈，游到它们的身上，吸食养分。等过了20～30天，长到足够可以**自食其力**的时候，小河蚌就会自己掉下来，重新回到江河湖泊中生活。就这样，小河蚌们在自己的亲生父母照看小鳑鲏鱼时，自己则在鳑鲏鱼的照料下长大。

• 河蚌里的珍珠是如何形成的？

河蚌是珍珠的摇篮，有时剖开河蚌，里面会出现一颗亮闪闪的珍珠。受到大家喜爱的珍珠是一种名贵的装饰品。珍珠其实是河蚌的外套膜受到异物刺激后而分泌的一种叫作"珍珠质"的物质形成的。

小河蚌

把我的孩子们带到更广阔的天地去

看到河蚌与鳑鲏鱼**交换子女养育**的行为，我们也许会说："它们真是奇怪的父母啊！"其实它们这样做是用心良苦，饱含着对子女深深的爱。如果一个地方聚集了太多同类的话，很容易导致食物不足和生活空间狭小。有时候还会因此导致大批河蚌的死亡。所以河蚌才会把自己的孩子交给鳑鲏鱼抚养，这样孩子们才能生活在更广阔的空间里。

小河蚌是如何附在鳑鲏鱼身上的呢？

人们把刚孵化出来的小河蚌叫作钩介幼虫。它们身长为0.4厘米左右，身体里长着一条细细的鞭毛条，壳的两边还长着钩。当河蚌妈妈把这些钩介幼虫送出去的时候，它们就会用鞭毛条缠住鳑鲏鱼身子的某一部分，然后再用自己的外壳轻轻地夹住鳑鲏鱼的鱼鳃、眼睛上方或是鼻子。因为有了这坚硬且长着钩的外壳，钩介幼虫就不会轻易地从鳑鲏鱼身上掉下来。

钩介幼虫

2

毫不吝嗇的
朋友

来回穿梭于海参肛门的隐鱼

呵呵，它竟然生活在肛门里……

在阳光明媚的海底沙滩上，有一只海参正在专注地吃着食物。海参用触手把沙子送到了嘴里，吃掉沙子里的食物后，再把这些沙子和水从肛门排出去。

海参的肛门里，有一个长长的像线一样的东西在飘动着。这是什么东西？答案令人吃惊，那竟然是一条鱼！原来在海参的肛门里生活着一条细长的小鱼——隐鱼。

大海那么广阔，隐鱼为什么偏偏要生活在其他动物的肛门里呢？为什么海参没有赶走生活在自己肛门里的隐鱼呢？

● 再生能力极强的海参

海参的再生力很强，受到刺激或处于不良环境下，如水质污浊，氧气缺乏，它们的身体常强力收缩，压迫内脏从肛门排出，这种现象称为"排脏现象"。内脏排出后能再生新的内脏。更神奇的是，少数海参被横切为2～3段，各段也能再生为完整的个体。

麻烦你把我藏起来！

隐鱼生活在太平洋和印度洋等热带海域里，以吃浮游生物为生。因为它们身上没有鳞片，所以身体呈透明状，看起来相当柔弱，经常会成为其他动物的盘中餐。不仅是大鱼，就连螃蟹和虾那样的甲壳类动物也看不起弱不禁风的隐鱼，会向它们发起攻击。

迫于无奈，隐鱼找到了一个让人意想不到的藏身处，就是海参的肛门。因为海参的身上有毒，所以一般情况下动物们都不会轻易去招惹它。隐鱼就是利用了这一点，才可以安稳地生活在海参的肛门里。

海参的肛门是一个非常容易进出的地方。因为海参要把从嘴里吞进去的沙子和水排出去，所以它们的肛门经常要一闭一张。**在海参的肛门里有一个中空的地方叫作泄殖腔，这里就是隐鱼的窝。**白天，隐鱼会在泄殖腔里休息，到了晚上才会出来捕食一些浮游生物。如果在外面不小心遇到了危险，隐鱼就会马上钻回海参的肛门里。

隐鱼没事总在肛门处进进出出，海参难道不觉得厌烦吗？为什么不把它们赶走呢？

•隐鱼找的藏身之地也不一定安全

生活在海参肛门里的隐鱼自以为找到了安全的藏身之地，却不知即使是海参的体内，也不一定很安全。因为当海参遇到强大的敌人逃脱不了时，它们便会将前半身藏进沙子里，而露在外面的后半身则会被一口咬掉，隐鱼也会被一起吃掉。海参虽然被吃掉了一半却不会丧失生命。

隐鱼

•营养丰富的"八珍"之一

海参在各类山珍海味中位尊"八珍"之列，它具有多种补益养生功能。海参体内不但富含氨基酸、维生素和微量元素等人体所需的50多种营养成分，还含有多种生物活性物质，如酸性黏多糖、皂苷和胶原蛋白等，而且海参活性物质的药理活性十分广泛。

海参

•什么样的海参才好吃？

说到海参食品，你知道海参的食用部分主要是什么吗？海参虽然看起来肉嘟嘟的，但是其实它们的肉很少。我们吃的主要是海参外面的体壁，而且一般体壁越厚的海参食用价值就越高，相反，体壁薄的几乎就没什么食用价值。

69

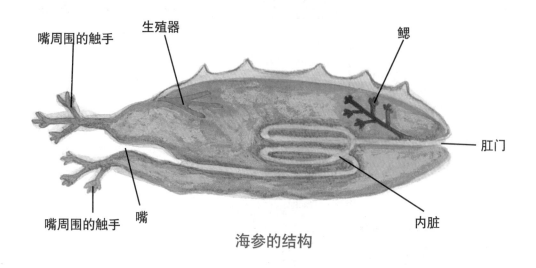

嘴周围的触手　　　生殖器　　　　　　　　　　　　　　鳃

嘴周围的触手　　嘴　　　　　　　　　　　　　内脏　　　肛门

海参的结构

亲爱的隐鱼，快进来好好休息吧！

　　海参的**长相非常独特**，身体呈圆筒状，长10～20厘米，特大的可达30厘米，由于它们椭圆形的身子上**长满了突起物**，看上去好像是一根老黄瓜。它们利用腹部的管足移动身体，那慢慢爬行的样子很像一条大虫子。

　　在海底慢慢爬行的海参，靠吃一些肉眼难以看到的沙子里的微小动物、植物和肉末为生。然后，它们会把那些沙子和水从肛门排出去。想想看，要用那些微小动物、植物填饱肚子，得吞进多少沙子啊！所以海参的嘴和肛门总要忙个不停。

　　这也成了海参非常头疼的问题。因为总会有小鱼、螃蟹、虾等

70

动物进入到海参的肛门来偷吃海参的内脏。而懂事的隐鱼虽然住在海参的肛门里，却从来不给海参添麻烦。隐鱼不仅不会偷吃海参的内脏，而且因为它们身上没有鳞片，也不会刮伤海参的肛门。

如果螃蟹、虾这样的动物进入到海参的肛门里，海参会用尽一切方法赶走它们，但如果是隐鱼，海参就会非常安心。也许海参认为，虽然隐鱼不能帮上什么大忙，但至少对自己无害，所以也没必要赶走它们。

包容一切的大爱

隐鱼是一种非常柔弱的鱼，但只要身边有海参，它们就不用再害怕了。因为遇到危险的时候，它们可以一溜烟儿地钻进海参的肛

·冬眠和夏眠

很多动物为了度过冬天那段艰难的时间会进入冬眠，例如玉足海参就有"冬眠"的现象，从10月（水温约23℃）到翌年5月（水温约30℃）它们都潜伏于石下。但是和玉足海参相反的是刺参。刺参有夏眠习性，当水温过高或水体混浊时，它们还会从肛门排出内脏，如环境适宜，2个月左右可以长出新的内脏。

门里。柔弱的隐鱼在危险重重的大海里可以延续生命，真的要感谢海参这种无私包容的大爱呢！

海参的别样防御法

　　有些种类的海参在遇到危险时，会从肛门里喷射出像面条一样的白色居维氏管。本来想要过来捕食海参的螃蟹或虾会被白色居维氏管团团包住，一动也不能动。也有一些海参在遇到危险时，干脆就从肛门里喷射出自己的内脏。这种举动其实是为了保住自己的性命，因为它们可以在30～40天后生长出新的内脏。

生活在文蛤身体里的圆豆蟹

在文蛤身子里动来动去的小家伙

离陆地不远的一个浅海滩里，有一只大文蛤微微地张开了贝壳，把进水管和出水管露了出来。它正从进水管吸入海水中的食物，并呼吸着。

就在这微张的文蛤贝壳里，好像有什么东西在动来动去。原来是一只小螃蟹。生活在文蛤贝壳里的是比成年人的手指甲还要小的圆豆蟹。

因为它们的体形太小，就像一颗小豆子一样，所以人们叫它们圆豆蟹。这些圆豆蟹不仅生活在文蛤的身子里，连交配都在那里进行。这些圆豆蟹们为什么舍弃了广阔的大海，偏偏要寄居在文蛤狭小的贝壳里呢？

哼，想要吃掉我？

　　圆豆蟹是一种生活在浅海里，以吃浮游生物为生的小螃蟹。成年雌性圆豆蟹的蟹壳只有1.3厘米，而成年雄性圆豆蟹的蟹壳还不到雌性的三分之一。它们的蟹壳非常脆弱，我们只要用手轻轻一压，就会碎掉。它们的视力也非常差，几乎看不到前面有没有敌人。

　　试想一下，这么弱小，视力又不好的圆豆蟹如果独自游荡在大海里，会怎么样呢？也许在它们还没有意识到危险的时候，就已经成为其他动物的美食了。

　　为了生存，这些圆豆蟹只好选择寄居在文蛤的贝壳里。雌性圆豆蟹在很小的时候就生活在文蛤的外套膜里。到了交配的季节，雄性圆豆蟹为了找到雌性也会来到这里。

　　弱小的圆豆蟹只要到了文蛤的外套膜里，就不用再担惊受怕

·放点盐，给文蛤"洗洗胃"

文蛤肉质细嫩，鲜美异常，是贝类海鲜中的上品，素有"东海第一鲜"的美誉。不过清洗文蛤就得用点儿技巧了，不然就得吃个满嘴沙子。在清洗时，可以往水里放点儿盐，它就会乖乖地把沙子给吐出来了。

•呼吸摄食，全靠一根管

文蛤属于滤食性贝类，说起它们的取食和呼吸，不靠嘴巴，不靠鼻子，全靠那根自由伸缩的小管子，又叫"出入水管"。涨潮时，它们就将出入水管伸出沙面，吸一大口海水，然后又过滤分离，达到呼吸与摄食的目的；退潮后，它们才把出入水管缩回壳内。

•偷偷逃跑的文蛤

文蛤又是一种善于施障眼法的动物，它那两片偏厚的壳总是让人误以为它不会行走，但实际上它是会移动的。它们通常通过分泌胶质细带或囊状物使身体悬浮或半悬浮，借助潮水和足部伸缩而顺潮流方向移动。

文蛤

•美而不艳的外壳

每次看到文蛤，总会被它那变化多端的外壳所吸引，大自然的艺术真的令人惊叹。文蛤的壳颜色很丰富，通常有酱红色、咖啡色、褐色、青灰色、黄色、淡黄色、乳白色，各壳面由2～3种以上色彩构成各种图案。图案花纹大致有环纹、点状环纹、细波纹、粗波纹、山峰纹等。人们很早就发现了文蛤壳的美，并把它作为一种漂亮的容器花纹。

圆豆蟹

了。因为只要受到一点儿威胁，文蛤就会紧紧地合上外壳，把别的动物阻挡在外。

难道文蛤对于这些"房客"一点儿也不感到厌烦吗？

我来帮你把嘴合上！

文蛤是生活在滩涂（海边泥滩）或深度不超过20米的浅海里的一种贝壳类动物。它们的外壳非常坚硬，是个"安全保护盾"。文蛤通常会从泥滩或沙滩里半露出身子，微微地张开外壳呼吸。

文蛤身上的进水管起到了嘴和鼻子的作用，只有进水管与海水接触时，文蛤才能吃到食物并进行呼吸。 所以文蛤在平时会微张着外壳，并把进水管露出来。它们用进水管呼吸并食用水中的有机物，然后再把剩下的海水和排泄物从出水管排出去。

就在文蛤微微张开外壳的时候，很多微小的生物会进入到文蛤的身体里，其中也不乏一些会威胁到文蛤生命或让文蛤受伤的生物。

但圆豆蟹是个例外。圆豆蟹饿的时候，会吃一些文蛤身体里的浮游生物。即使再饿，圆豆蟹也不会吸食文蛤身体里的养分或者吃文蛤的内脏。而且圆豆蟹的蟹壳非常柔软且没有棱角，所以它们在文蛤身体里移动时不会弄伤文蛤柔软的肉。圆豆蟹的体形非常小，也不需要太大的生存空间。

这么友善的伙伴，文蛤怎么会讨厌呢？现在，那些文蛤还在海底沙滩里和圆豆蟹一起快乐地生活着呢！

那里是我的生命宇宙

为了防御敌人的攻击，文蛤进化出了坚硬的外壳。它们并没有独享这个保护盾，而是与弱小的圆豆蟹一同分享。文蛤不仅接纳了在体内生活的雌性圆豆蟹，在交配季节，它们还非常欢迎前来交配的雄性圆豆蟹。

多亏有了文蛤，圆豆蟹不用再整天担惊受怕，而且还可以安心地吃饭、睡觉、进行交配和产卵。等圆豆蟹产下卵后，文蛤会把这些卵通过出水管送到外面去，这样一来圆豆蟹就不用担心该如何播撒自己的"种子"了。

对于圆豆蟹来说，文蛤就是它生命的宇宙——好心接纳并照顾它这个弱小生命的广阔的生命宇宙。

什么是外套膜？

外套膜是贝类动物里面像外套一样可以把柔软身体包裹起来，起保护作用的薄膜。外套膜长在坚硬外壳的里面，嫩肉的最外层，外套膜也是制造外壳的地方。在文蛤的外套膜和内脏之间有一些空间，圆豆蟹就生活在这个地方。

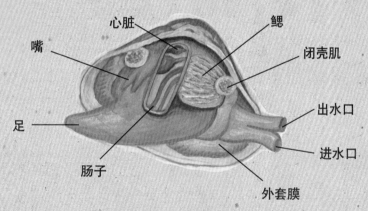

心脏　　　　鳃

嘴　　　　闭壳肌

足　　　　出水口

肠子　　　进水口

外套膜

贝类动物的身体构造

粘在鲸背上旅游的藤壶

让我们一起去旅行吧!

在鱼儿欢快嬉水的海洋里,突然出现了一条鲸。虽然小鱼拼尽了全力想要逃跑,但最终还是没有逃出鲸的大嘴。身长超过20米的鲸张开了**血盆大口**,可怜的小鱼就这样被全部吃掉了。

饱餐一顿的鲸想到海面上呼吸一下新鲜空气,这时我们发现,浮出水面的鲸背上竟然粘满了东西。原来那是生活在海滩的岩石壁或防护堤上的、拥有**斗笠一样外壳**的藤壶。本该生活在海滩上的藤壶，为什么会粘在鲸的背上周游起海洋世界来呢？为什么这些鲸会毫无怨言地背着那些烦人的藤壶游客呢？

·世界上最大的动物——蓝鲸

蓝鲸是世上最大的动物，幸好它生活在海洋里，借助了海水浮力的支撑，它才得以行动自如。蓝鲸到底有多大？蓝鲸的舌头上能站50个人，心脏和小汽车一样大，婴儿可以从它的动脉中爬过，刚生下的蓝鲸幼崽比一头成年象还要重。蓝鲸巨大到让人有点儿难以想象。

我太可怜了!

在海滩岩石壁或防护堤上粘满了很多像贝壳一样的东西。虽然它们看起来像贝壳,但仔细观察后你会发现,它们的身体上只有一侧有外壳。它们之中有的还粘在没有海水的地方,这种动物就是藤壶。

其实藤壶不属于贝壳类动物,而是与虾、螃蟹、龙虾等一样,属于甲壳类动物。它们拥有像斗笠一样的外壳,并始终粘在一个地方生活。

海滩上有这样一个地带,涨潮时被海水淹没,而退潮时又露出来,这种地带就叫作潮间带。前面提到的滩涂(海边泥滩)也是潮间带的一部分。潮间带一天内被海水反

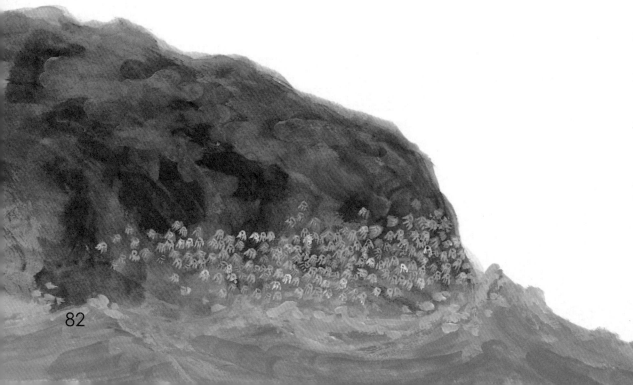

复淹没好几次，这些藤壶就生活在潮间带中最难生存的地方——潮间带的最上游。藤壶拥有斗笠一样外壳的原因就在于此，这样一来，退潮时自己的身体就不会暴露在外面了。**藤壶的外壳上方有一个盖板，退潮的时候这个盖板就紧紧地闭起来，从而把水储存在外壳里。**所以即使在没有水的环境下，藤壶也可以坚持一阵子。但是如果白天的阳光过于强烈，把藤壶身体里的水分全都晒干的话，藤壶就活不下去了。

藤壶

·雌雄同体生物

藤壶属于雌雄同体生物，但是藤壶在大多时候还是会去寻找伴侣，在生殖期间用能伸缩的细管将精子送入别的藤壶中使卵受精。

藤壶从小时候起就在大海里自由自在地畅游，遇到鲸时它们就会粘在鲸鱼的背上。生活在鲸的背上的藤壶就不用担心会被太阳晒死了，而且它们还可以跟着鲸一起在大海里旅行。这可是生活在潮间带的藤壶连做梦都没想到的美事啊！

•高级的定位功能

人类的很多发明都是从动物身上得到的灵感。其中，鲸的声呐系统启发我们发明了声呐。鲸拥有发出超声波的声呐系统，它活动时可以依靠回声来进行定位，然后利用折回的声音定向。

蓝鲸（须鲸）

•令人的惊叹的海豚声呐系统

相比于鲸鱼，海豚对声呐系统的运用更是达到了一种出神入化的境界。海豚的声呐系统灵敏度极高，即使被遮住了眼睛，海豚也能在插满竹竿的水池子中灵活、迅速地穿行而不会碰到竹竿。不仅如此，海豚的识别能力也很强。海豚的声呐系统分工很明确，有为定位用的，有为通信用的，有为报警用的。

虎鲸（齿鲸）

那当然了，大鲸有"大量"嘛！

鲸的栖息地非常广泛，从漂着冰山的寒带海域到生长着珊瑚礁的热带海域，我们都能看到鲸的身影。世界上有两大类鲸，即一类是用牙齿捕猎的齿鲸，另一类是吃浮游生物的须鲸，它们都是大海里一流的猎手。鲸还以它们那庞大的身躯闻名，在鲸的家族里个头较小的是海豚，然而成年海豚身长也能达到4米；个头最大的蓝鲸身长长达30米，蓝鲸不仅在大海里是**体形最大的动物**，在全世界也是最大的动物。

但是你们知道吗？人们虽然习惯把鲸叫作鲸鱼，可其实它并不属于鱼类。**鲸就像人、牛、马一样，是胎生的、用乳汁哺育幼崽的、用肺呼吸的哺乳动物**。在深海里游荡的鲸，过段时间就要浮出水面来换气。

到了繁殖期，它们会为了不擅长游泳的幼崽迁移到浅海地区生活。鲸在浅海地区生活时，会碰到一些没有得到允许就擅自粘在鲸背上的动物，这些**"不速之客"**就是随着海流在大海里漂来漂去的藤壶幼虫。

令人意想不到的是，鲸不会驱赶这些藤壶幼虫。作为世界上最大的动物，它们的心胸也非常宽广。鲸们就这样背着藤壶遨游在

碧蓝的海洋中。不是有句话叫
"大人有大量" 吗？
鲸就是这种"大鲸有大量"的
动物。

幸福的世界，永远的朋友

藤壶小的时候会在大海
里自由自在地生活，但是长大
之后就只能固定生活在一个地方，如果生活在那些环境多变的潮间
带，就会时刻面临着被太阳晒干致死的危险。

但是如果藤壶能遇上心胸宽广的鲸，它们的一生就会发生彻底
的改变。只要坐在鲸的背上，它们就能无忧无虑地继续**遨游**在
大海里。

不用说我们也能猜出来，其实鲸也很喜欢这些粘在背上的朋友
们。有了它们的陪伴，鲸就不用孤单寂寞地在海洋世界里旅行了。

• 令人烦躁的附着生物

当藤壶看中了适宜自己生存的地
点时，就会附着在上面，而且一
粘就是一辈子。它们在附着基表
面分泌出藤壶胶，藤壶胶简直是
世上品质最佳的胶水，防水且持
久，可以让自己牢牢地粘在附着
物上。不过这也正是惹人烦的地
方，它们有时会大量粘在船上，
降低船的速度，增加耗油量。

藤壶是如何粘在其他物体上的？

刚孵化出来的藤壶会在大海里自由自在地生活。当遇到合适的地方时，它们会倒立着身体附着在那个地方。然后藤壶会从身体里分泌出一种吸附力很强的物质来固定住自己，随后它们还会制造出能保护自己身体的坚硬外壳。

鲸的鼻孔在哪里呢？

因为鲸是哺乳动物，所以它们不能在水底进行呼吸。它们也像人一样，必须用鼻孔吸入新鲜空气并呼出废气。但是鲸的鼻孔在哪里呢？在鲸的头部有一个能喷水的地方，那就是鲸的鼻孔。我们把鲸的鼻孔叫作喷气孔。

待在水里的时候，为了不让水进入到肺里，鲸会关闭喷气孔。等需要换气的时候，它们会浮到水面上打开喷气孔并进行呼吸。当鲸向外呼气的时候，周围的水也会一起被喷上去。由于鲸身体里温暖的空气遇到外面的冷空气时会变成小水珠，所以我们时常能看到鲸的喷气孔里喷出像喷泉一样的白色水花。

因为给予，所以幸福

　　有些动物为了得到食物、住所、藏身地，而互相帮助并生活在一起，这就叫作共生。但是即使生活在一起，两种动物也不一定都会受益。有时候，动物们的共生只会让一方受益，而另一方既不会得到太大的利益也不会受到太大的伤害。这种共生形态叫作片利共生。

　　在片利共生的动物中，典型的就有藤壶和鲸。粘在鲸背上生活的藤壶可以享受到不被太阳晒成肉干的好处，但是鲸却不会因为背上粘了几只藤壶而得到什么好处，不过也不会因此而受到伤害。

　　文蛤和圆豆蟹的关系也是如此。圆豆蟹生活在文蛤的结实外壳里，就不用担心会被敌人吃掉。然而文蛤却不会因为圆豆蟹生活在自己体内而享受到特别大的好处，也不会受到伤害。

　　在片利共生的关系中，只有一种生物会得到利益，所以有时候人们会把片利共生和寄生混为一谈。片利共生和寄生的最大区别就在于，在片利共生关系中没有哪一方是受害者。

随意穿梭于枪虾洞穴里的
虾虎鱼

别学我！

在积着浅水的滩涂里，有一只 **枪虾** 正在努力地用虾钳挖着洞里的泥土。看它那么努力的样子，好像是在修理洞穴。

但是，突然间有一只虾虎鱼钻进了枪虾的洞里。虾虎鱼为什么这样冒失地钻到别人挖的洞里面呢？待会儿会不会发生一场你死我活的**战斗**呢？

这是我挖的洞！

枪虾生活在涨潮时会被海水淹没、退潮时又会变成泥滩的滩涂地带。它们的身长大概只有5厘米，特别奇怪的是，

> ### ·组成联盟，扬长避短
>
> 枪虾是个聪明的动物，它会与其他生物组成紧密的联盟，甚至能组成奇特的群居形态，保护自己免受海底掠食者的威胁。例如，珊瑚为枪虾提供庇护所，而枪虾则会赶走那些以珊瑚虫为食的棘皮动物。

它们身上的两只虾钳大小不一，其中有一只虾钳特别大。枪虾的名字也是因为它们那与身形不太成比例的大虾钳而来的。**枪虾有一种习惯，它们时常会用那大虾钳弄出"嘭嘭"的像鞭炮般的声音。**

枪虾的虾钳有很多用处。枪虾主要生活在浅海，以吃小虫子或腐肉为生，在捕食的时候那个大虾钳就是一个非常棒的武器。看到猎物时，**它们会把大虾钳迅速地合上，射出高速的水流来击晕猎物，然后再爬过去慢慢地享用美食。**

因为枪虾生活在滩涂里，所以在退潮的时候有被太阳晒干而死的危险。它们会在滩涂里挖一个比较深的洞，退潮的时候就钻进潮湿的洞穴里。

有一种叫作虾虎鱼的"厚脸皮"的鱼，在枪虾辛辛苦苦挖洞的时候，只在一边袖手旁

•断臂逃生

当枪虾遇到攻击时，它们会将大虾钳脱落以求脱身，不过别担心，它并不会因此成为残疾，过不了多久，它们就会重新长出新的虾钳来。不过，长出来的不是大虾钳而是小虾钳。有趣的是，原先的小虾钳却会越来越大，最终长成一只大虾钳。

观。可当枪虾挖好洞时，虾虎鱼就像是回自己家一样大摇大摆跳进洞里。更让人奇怪的是，枪虾不仅没有把无耻的虾虎鱼撵出去，反而像朋友一样和它生活在一起。

枪虾为什么会对虾虎鱼这么宽容呢？

我可是你的眼睛啊！

虾虎鱼是身长只有10厘米左右的小鱼。除了南极和北极等寒冷的海域以外，在其他海域都可以找到它们的踪迹。它们一般都生活在离陆地不远的浅海或滩涂地带，以吃小虾和滩涂里的蚯蚓为生。和枪虾一样，虾虎鱼也会自己挖洞并在洞里面生活。只有这样，退潮的时候它们的身体才不会变干。但是有些虾虎鱼自己并不挖洞，而是跑到其他动物挖的洞里面和它们一起生活，比如生活在加利福

• 枪虾的 "高压水枪"

枪虾有一种特殊的技能，就是可利用 "高压水枪" 来捕猎，它们长着一对不对称的虾钳，猎食时会将大虾钳迅速合上，喷射出一道时速高达100千米的水流，将猎物（如小鱼、小虾、小螃蟹等）击晕甚至杀死。快速通过的水柱与周围相对静止的水形成了一个低压空间，低压在水里产生了微小的气泡，气泡爆裂瞬间，周围水体的温度可以达到惊人的近4500℃的高温。这杀伤力真是令人震惊啊！

枪虾

• 虾虎鱼独特的生存技能

虾虎鱼具有独特的生存技能，它们即使离开了水也可以继续生存。它们可以通过分泌一种黏液来滋润体表，所以即使离开水面，它们也不会因为脱水而死去。

92

虾虎鱼

尼亚的滩涂地带的小盲虾虎鱼。

但奇怪的是，这些虾虎鱼却从不会受到枪虾的攻击或驱赶。这到底是为什么呢？

原因就在枪虾的眼睛上。枪虾的视力非常不好，虽然它们长着眼睛，但几乎看不到前面的东

西。即使鹬、燕千鸟等猎手接近枪虾时，枪虾也感觉不到有危险。当枪虾用触须感知到敌人到来时，很可能已经进到猎手的嘴里了。

但是虾虎鱼却不一样。它们长着一双**敏锐的眼睛**，不仅可以早早地看到危险的到来，而且稍微受到惊吓就会钻进洞里。

视力不好的枪虾就是通过虾虎鱼的一举一动来感知危险的，并在危险到来之前就提前躲进洞里。虾虎鱼就这样扮演着枪虾"眼睛"的角色。你说，枪虾有什么理由要赶走虾虎鱼呢？虾虎鱼虽然寄宿在枪虾的洞里，但是虾虎鱼也活得堂堂正正。

我们看不到的真实情况

在滩涂里挖洞生活的枪虾因为视力不好，所以不能及早地察觉到危险的到来。但是在与虾虎鱼一同生活的时候，枪虾可以通过虾虎鱼的行动意识到危险，从而躲过灾难。而看起来总想不劳而获的虾虎鱼，其实是帮枪虾起到预警作用的一位好朋友。看起来受虾虎鱼欺负的枪虾，事实上在朋友的帮助下克服了自己的弱点。看来我们在以后的生活中，不能仅凭眼睛所见到的表面现象作判断。因为，世界上有很多事情是不能通过表面现象看出本质的。

•腹部长出大吸盘的虾虎鱼

虾虎鱼相比于其他的鱼有一个奇怪的特点，那就是它们的腹鳍合并成一个类似于大吸盘的结构，当大浪袭来的时候，虾虎鱼就会紧紧吸附在岩石或其他固定的物体上，那样它们就不会被冲走了。

虾虎鱼跳起来，章鱼也会跟着跳起来吗？

在韩国的谚语里有这样一句话："虾虎鱼跳起来，章鱼也会跟着跳起来。"这句话形容的是不自量力而盲目模仿的人。那么虾虎鱼真的会跳吗？

是的，在韩国的滩涂地带随处可见的弹涂鱼就是这句谚语里的主人公。弹涂鱼是属于虾虎鱼亚目的鱼类。弹涂鱼的两侧胸鳍长得就像动物们的前肢一样，它们会利用这两个胸鳍在退潮的滩涂上来回跳跃。弹涂鱼的鱼鳃里可以保存一些水，即使它们在水外待一段时间也不会渴死。因为这种特性，科学家们认为弹涂鱼是一种介于鱼类和两栖类之间的动物。

弹涂鱼

海洋生态界的生命线——滩涂

滩涂是在涨潮时被海水淹没，退潮时露出泥地的海边平坦地带。滩涂主要形成于江河与海水相交融的地方，在滩涂的泥土里，有非常丰富的有机物。涨潮时海水又会给滩涂带来丰富的新鲜氧气。

因为滩涂有许多有机物和生存所必需的丰富氧气，所以吃这些有机物的小生物们也会成群结队地聚集在滩涂里。这里不仅生活着众多以微生物为食的贝类动物、虾、螃蟹等，还有很多吃这些小动物们的鱼和水鸟等无数生命体。所以，滩涂也被称为海洋生态界的生命线。

滩涂还能起到净化流入海里的江河水的作用。在滩涂的泥地里生活的微生物、螃蟹、蚯蚓不仅会吃掉有机物，而且能分解掉江水里的污染物。从陆地流过来的脏水，经过滩涂的净化后，就会变成干净的水再流入大海里。包括芦苇在内，生长在滩涂内陆的很多种草都能用各自的根来净化污染物。

我们经常吃的鱼类和贝类很大一部分都生活在滩涂里，或者把滩涂作为它们的繁殖地。所以滩涂也是向人类提供食物的一个重要地方。

但是，现在世界上的滩涂面积正在逐年缩小。为了得到更多的耕地、工厂用地、住宅用地，人们正在大肆开展围海造田工程。在大规模的围海造田前，韩国的滩涂面积足有 4000 平方千米。但是自从开展了围海造田之后的 100 年间，40% 的滩涂已经彻底消失了。而如今，只剩下了不到 2800 平方千米的滩涂。

住在鱼鹰巢穴底下的鹪鹩

小鸟，你是谁啊？

河边的悬崖上，生长着一棵巨大的树。在那棵树的顶端，有一个直径达2米的巨大鸟巢。原来那是有着**巨大的翅膀**、**锋利的爪子**，长得就像**轰炸机**一样的鱼鹰的巢穴。

不久，鱼鹰为了给孩子们找些食物，从巢穴里飞走了。咦？这是什么声音？从鱼鹰的巢穴下面传来了一阵"唧唧，唧唧"的鸟叫声。仔细一瞧，原来是鹪鹩（jiāo liáo）。它们竟然在鱼鹰的巢穴底下筑起了自己的巢。

难道这些鹪鹩不怕鱼鹰把它们吃掉吗？为什么它们会在鱼鹰的巢穴下面筑巢生活呢？

•渔人的得力帮手

鱼鹰在很早的时候常被人训练成捕鱼帮
手，一年下来，一只鱼鹰一年可捕鱼
500千克以上。为了让鱼鹰乖乖让出它
们的成果，渔人会用一种水草扎住鱼鹰
皮囊的下端，不让鱼进入鱼鹰的胃里，
只能在皮囊中暂存。当然，渔人也会用
好吃的食物犒劳鱼鹰，当鱼鹰带着猎物
回来后，渔人取走鱼鹰捕回的大鱼，转
而拿出小鱼喂给鱼鹰吃。

我要在你们都不敢来的地方筑巢！

鹪鹩主要生活在温带地区。它们的长相和麻雀相似，但是体形比麻雀要小，成年鹪鹩的身长不会超过10厘米。鹪鹩主要生活在高山密林中，以吃小虫子为生。因为体形小的缘故，它们能在茂密的树林里自由自在地飞行。

经过一段时期的努力觅食之后，鹪鹩会在5~6月进行交配并开始养育幼崽。但是到了繁殖期，它们就会有一系列的烦心事。因为在树林里，有很多想要吃掉鹪鹩鸟蛋和幼崽的动物们。

所以，鹪鹩不能随便找个地方就筑巢。它们会把巢筑在像岩石缝隙或悬崖上的树顶等不容易看到的地方。为了躲避一些动物的攻

• 不喜欢 "说话" 的鸟

不知道是不是因为鱼鹰觉得自己的声音太难听，它们一般很少 "说话"，只有在繁殖期才会从喉咙里发出低沉的 "咕咕咕" 的叫声。

击，有时它们还会把巢筑在人们房子上的烟囱里。在韩国，人们还会把鸬鹚叫作烟囱鸟。

鸬鹚在鱼鹰的巢穴底下筑巢的原因也是为了躲避其他动物的攻击。 到了繁殖期，鱼鹰也会变得非常敏感，它们也时常担心别的动物来把自己的孩子吃掉，所以它们绝对饶不了那些接近巢穴的动物们。把巢穴筑在鱼鹰巢穴底下的鸬鹚幼崽们，也间接地受到了鱼鹰的保护而避免了被其他动物吃掉的危险。

这样一来鸬鹚就不用担心会有蛇来吃掉自己的孩子了，但是它们怎么能确信鱼鹰不会吃掉它们的孩子呢？鱼鹰会这么轻易地放过鸬鹚吗？

> **·鸟类中的潜水高手**
>
> 作为以鱼类为食的鸟类，如果不会水的话，那可能就得饿肚子了。鱼鹰非常善于潜水，可以算得上鸟类中的"潜水冠军"。除此以外，鱼鹰的眼睛非常奇特，它们即使在水下也可以看得一清二楚，所以它们饿肚子的概率还是比较小的。

·护家的"夫妇"

鹞鹑是一种领地意识非常强烈的小鸟。雄鸟主要负责驱逐入侵者，一旦发现敌情，它会蹲下并扇动自己的翅膀并拍击背部，不停地晃动尾羽进行恐吓。雌鸟是最后一道防线，负责推阻试图入巢的侵入者。

·爱唱歌的鹞鹑

鹞鹑善于鸣唱，歌声婉转动听，是森林里的"歌唱家"。它们除了会在繁殖期唱歌外，其他时间也会表演自己的天籁之音，甚至在冬季都可以听到它们动听的歌声。它们的歌声洪亮清脆，鸣叫时常做昂首翘尾之姿，每鸣叫一段后，再更换一段重唱，雌鸟鸣唱声调和雄鸟的很像，但音色低而曲调短。

不吭声的鱼鹰

鱼鹰（又名鹗）是在全世界的江河湖泊和大海附近都能看到的一种体形巨大的鸟，属于中型**猛禽**。它们的身长约为65厘米，张开翅膀时，从翅膀的一端到另一端足有两米长。

鱼鹰一般会安静地飞行在水面上，当看到大马哈鱼或鲻鱼等大鱼时就会**迅速俯冲**下去，然后用锋利的爪子抓住这些鱼。鱼鹰的爪子是如此的锋利、结实，只要被它们的爪子抓到，那些鱼就必死无疑。

与成年鱼鹰不同，小鱼鹰的身体非常虚弱。从刚生下来的时候一直到6~8周大，这些小鱼鹰连眼睛都睁不开，什么事情也做不了，只能从妈妈和爸爸那里获得食物。所以鱼鹰们是不会随便找个地方筑巢的。它们一般会把巢穴筑在**悬崖峭壁**上的树顶或岩壁等一些动物难以到达的地方。

在大自然里，这种地方不是那么好找。所以鱼鹰们在找到这些好位置筑巢后，连续几年都不会"搬家"。如果巢穴坏了，它们就再找来一些树枝进行修补。过了几年后，这些鱼鹰的巢穴就会变得很高、很厚。而这时候，鱼鹰的巢穴底下就会搬进一些新的"邻居"——正在寻找安全筑巢地的鸳鸯。

然而无论那些鹡鸰怎么在鱼鹰的巢穴底下吵闹，鱼鹰也不会生气。因为鱼鹰只吃鱼，不吃陆地上的动物。而且寄宿在鱼鹰巢穴下面的鹡鸰很守规矩，绝对不去攻

> **·由父母一口一口喂大的鱼鹰**
>
> 鱼鹰对待宝宝非常细心，它们会把宝宝藏在很高的地方，以防那些心怀鬼胎的偷盗者对自己的孩子不利。鱼鹰的喂雏方法也很特别，亲鸟张着嘴，雏鸟把嘴伸入亲鸟的咽部，从亲鸟的食道里取食半消化鱼体。喂水时，亲鸟将水从嘴里喷出，像注射器一般注入雏鸟嘴里。

击鱼鹰的蛋或者幼崽，所以鱼鹰也就放心地让它们居住了。

鱼鹰大人，如果有危险，我会及时通知你的!

鱼鹰的宽容也得到了回报：如果有蛇沿着树枝爬上来的话，住在"楼下"的"大嗓门"鹡鸰就会大声地喊叫起来。这样一来鱼鹰就能及时得到情报，从而迅速地击退这些敌人，鹡鸰也能保住自己的蛋和孩子们了，真是大家都受益啊!

有敏锐双眼的鱼鹰

雕或鹰等猛禽类动物比人类的视力要好5倍以上。鱼鹰也不例外，它们可以在30米的高空中看到在水面附近游动的鱼儿。鱼鹰发现了猎物之后，会把翅膀向上翘起来，向前伸出双腿，然后像箭一样快速地飞向猎物。它们用锋利的爪子一把抓住猎物，然后边把翅膀上的水抖落掉，边向上飞行。它们会把抓到的猎物带到巢穴或安静的地方后再食用。

3

一辈子不分离的
朋友

生活在白蚁肠道内的披发虫

干木头好吃吗?

一年四季气候如夏的美国夏威夷,很多木质房子的周围都标有"禁止出入"的警示牌。仔细一瞧,这些房子都好像要倒塌了似的,在柱子的裂痕上还爬满了**白色的昆虫**。原来这是因为吃木头的白蚁把柱子都给弄坏了。

但是白蚁为什么会吃那么硬的木头呢?不是说木头是由昆虫们难以消化的物质组成的吗?吃了那么多的木头,白蚁会不会生病呢?

吃再多,我们也没事!

除了寒冷的寒带地区,白蚁几乎生活在全世界的各个角落。一般它们都在枯树里建造蚁窝,并过着群居的生活,一个蚁窝里通常会有数百只白蚁。

• 分等级的白蚁小社会

白蚁巢群中具有多种不同品级的个体，各品级白蚁各司其职、分工协作。白蚁的品级包括繁殖蚁、兵蚁、工蚁和若蚁，繁殖蚁又有原始型繁殖蚁和补充型繁殖蚁之分。原始型繁殖蚁是从母巢中分群飞出来的长翅型繁殖蚁，婚配后会脱翅建立巢群。当巢内原始蚁王、蚁后衰老或死亡后，补充型繁殖蚁就会补充或替代原来的蚁王、蚁后进行繁殖以保持巢群稳定。

虽然白蚁与蚂蚁的名字很像，它们也都过着群居的生活，但是比起蚂蚁，白蚁与蟑螂才是近亲。**白蚁和蟑螂是由同一个祖先进化而来的**，在大约2.2亿年前它们各自进化成了不同的动物，所以白蚁也被人们叫作"**群居的蟑螂**"。

在白蚁身上，还有我们不知道的神奇的一面。那就是白蚁竟然以坚硬的木头为食。木头是由叫作纤维素的物质组成的。由于昆虫的体内缺乏能分解纤维素的酶，所以它们消化不了木头里的纤维素。有着强壮上颚的白蚁可以啃掉木头，但是它们却不能自行消化掉吃的纤维素。即使吃再多的木头，它们也吸收不到任何营养。

既然这样，那白蚁们为什么还要吃木头呢？而且，它们怎么只吃木头而不吃别的食物就能活下去呢？

这全都是披发虫的功劳。**披发虫是生活在白蚁肠道内的非常小的生物，而这种生物可以把白蚁难以消化的纤维素分解成葡萄糖**。白蚁所需的养分就

•蚂蚁和白蚁之间的误会

也许是白蚁的社会分工和蚂蚁很相似，体形也看着有点儿像，所以长期以来，白蚁都被误以为是"蚂蚁"中的一种，但其实它们之间并无太大的关系。蚂蚁在昆虫学分类中属于蜚蠊目，而白蚁属于膜翅目。白蚁和蚂蚁都有一部分是带有翅膀的，但是白蚁的翅膀前后翅等长，而蚂蚁的翅膀前翅要大于后翅。

•动物界的"建筑大师"

白蚁堪称动物界的"建筑大师"，它们建造的标志性蚁巢土丘高度可达3米以上，整座"大楼"都经过精心的设计，以保证整座"大楼"通风良好。小"建筑师"们衔来咬碎的树枝、泥土或者粪便，一砖一瓦地建起它们的王国。

披发虫
（动物性鞭毛虫）

鞭毛

•千里之堤，溃于蚁穴

白蚁的破坏力极大，它们甚至可以毁掉一座大堤坝。说起这个罪过，只怪它们选址错误。它们在堤坝上修筑巢穴，蚁道四通八达，有的甚至打穿了堤坝，结果洪水轻而易举地就摧毁了整个堤坝。

•白蚁爱上堤坝的原因

白蚁的一大筑巢选址爱好便是堤坝，堤坝到底有什么吸引它们的地方呢？原来白蚁主要是看中了堤坝近水的特点。群体发达的白蚁种类，需要专门的水分供应，以维持群体的水分和湿度需要。白蚁虫体中，约有79%的成分都是水。

眼虫
（植物性鞭毛虫）

111

来自这些葡萄糖，所以它们只吃木头也可以活下去。

那么，这些披发虫又是如何进入白蚁的肠道内生活的呢？

好吃的东西可真多啊！

披发虫是由一个细胞组成的非常小的生物。它们用长在身体前端的细毛状的鞭毛来移动身体。

整个身体由一个细胞组成，并且用鞭毛来移动身体的生物叫鞭毛虫。鞭毛虫可分为两纲：一种是自身有叶绿素，可以独自生存的植物性鞭毛虫

> ### •最简单的生物
>
> 披发虫属于原生动物，是世界上最简单、最原始、最低等的生物。它们的主要特征是身体由单个细胞构成，因此也被称为"单细胞动物"。虽然简单，但是它们具有维持生命和延续后代所必需的一切功能，如行动、营养、呼吸、排泄和生殖等。每个原生动物都是一个完整的有机体。

纲；另一种是自身没有叶绿素的动物性鞭毛虫纲。披发虫属于动物性鞭毛虫纲。因为身体里没有叶绿素，所以它们只能寄生在其他生物体里。

披发虫生活在白蚁肠道内的原因也在于此。虽然披发虫不能独自制造出养分，但是它们却拥有消化纤维素的特殊能力。所以它们

才会生活在纤维素非常丰富的白蚁的肠道内，而且还不用担心自己被别的动物给吃掉，真可谓一举两得。

生活在白蚁肠道内的披发虫也不忘记感谢给自己提供食物和居所的白蚁。披发虫不会独自把这些纤维素全部吃掉，而是把一些纤维素分解成葡萄糖分给白蚁。披发虫知道，只有白蚁健康地生活下去，自己才能吃到更多的纤维素。

对孩子们的亲情

白蚁和披发虫就这样互相给对方提供帮助，而这种友谊也子子孙孙、一代一代地传了下来。如果肠道内没有披发虫，即使白蚁吃再多的木头，也只能饿死。所以白蚁会让刚出生的孩子们舔舐自己的肛门，刚出生的孩子们的体内没有披发虫，白蚁就通过排泄物把披发虫传给自己的孩子们。

白蚁与蚂蚁有什么区别？

　　虽然白蚁与蚂蚁长得很像，但是它们却有很多不同点。首先就颜色来说，蚂蚁一般呈黄色、褐色、红色和黑色等比较暗的颜色，但白蚁是白色的；蚂蚁的"腰"很细，但是白蚁的"腰"很粗壮；蚂蚁要经过卵、幼虫、蛹这三个形态的变化最终才能成为成虫（成年虫子），但是白蚁却不经过蛹的时期而直接从幼虫变为成虫；蚂蚁不怕太阳，它们在白天也可以自由行走，但是白蚁却怕光，一般它们在夜里或是阴暗的地方行动。所以，我们虽然能经常看见蚂蚁，却不能经常见到白蚁，除非我们掀开白蚁的洞穴。

蚂蚁　　　　　　　　　　　　　白蚁

给大肠提供能量的细菌

你们在大肠里干什么呢？

我们吃掉的食物会去哪里呢？

它们会通过 **食道、胃、小肠、大肠**，最后从肛门排出体外。但是如果我们到食物在体内最后停留的地方——大肠里面看一看的话，会看到非常神奇有趣的画面。从小肠那里送过来的食物残渣里面带有很多细菌。这些细菌在大肠里干什么呢？为什么我们的身体不把这些细菌赶走呢？

工作非常辛苦的大肠

大肠是我们吃进去的食物经过的最后一个消化器官。大

•趣谈人体消化

人体的消化系统其实主要分为两部分：消化道和消化腺，通俗点讲就是食物通过一条"加工流水线"，同时消化腺往里面加入各种"添加剂"。经过一系列的加工，食物就慢慢地分解成了两部分，一部分被我们的细胞当成食物吃掉了，剩下的残渣就被人体排泄出来返回大自然了。

肠长约1.5米，主要负责从小肠送过来的食物残渣里吸收水和无机盐，然后把剩下的食物残渣送到肛门那里。

大肠里的细胞就这样整天不停地工作着。要想让机器工作就必须给机器提供燃料（能量），同样，组成我们身体的细胞在工作的时候，也需要能量。这些能量会通过血液传送到我们身体里的各个部分，但是不会因为哪些细胞的工作量大，就会提供给它们更多的能量。像大

•备受推崇的"无营养物质"

膳食纤维既不能被胃肠道消化吸收，也不能产生能量。所以它们曾经被认为是一种"无营养物质"。但是，后来人们发现膳食纤维可促进胃肠道蠕动，加快食物通过胃肠道，减少吸收。不仅如此，膳食纤维还可以软化大便，起到防治便秘的作用。

肠里的细胞一样，不停工作的细胞比肌肉或其他器官的细胞需要更多的能量，但是我们的身体却并不会向它们提供更多的能量。可奇怪的是，在这种情况下，我们的大肠怎么还能照常工作呢？

向大肠提供能量的细菌

细菌是非常小的生物。别看它们小，生命力却很顽强。不仅在地里、水里、空气里，细菌还存在于冰凉的冰块和热气腾腾的温泉

我们身体里的消化器官

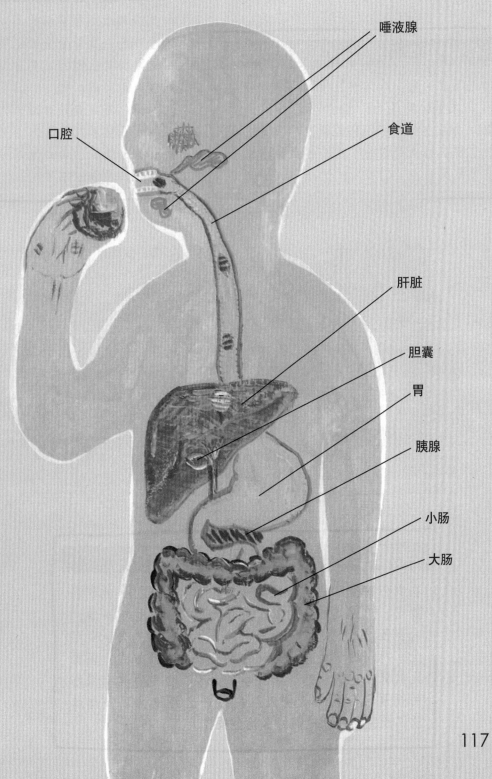

唾液腺

食道

口腔

肝脏

胆囊

胃

胰腺

小肠

大肠

•米饭为何越嚼越甜？

吃饭喜欢细嚼慢咽的人应该有一个体会，那就是米饭越嚼越甜。这是为什么呢？其实米饭本身就含有丰富的"糖"，只不过这种"糖"本身是没有甜味的多糖，只是在唾液淀粉酶的作用下，它就被分解成了有甜味的麦芽糖，所以白米饭会越嚼越甜。

•不讲卫生，小心肚子里长虫

如果不讲卫生，那你的肚子里可能就会长蛔虫这样的寄生虫。蛔虫不仅繁殖速度快，而且会和寄主争夺营养，导致寄主即使吃很多也总是营养不良，甚至会出现很多不良反应。

大肠里的细菌

•大胃王的胃真的比我们大吗？

在我们的生活中总能见到许多的"大胃王"，他们很能吃，总感觉他们的肚子是个无底洞，总也吃不饱。大胃王这么能吃是因为他们的胃比平常人大吗？实际上，所谓的"大胃"是一种不健康的生活方式。正常人的胃在空腹状态下只有拳头大小，但是胃具有很好的延展性。而"大胃王"们往往已经吃饱了还继续吃，长此以往，他们的胃就会被撑大。

118

里，甚至还存在于动物和植物的身体里。

我们把生活在动物身体里的细菌叫作胞内寄生菌。对于胞内寄生菌来说，我们的大肠是一个不可多得的安乐窝。大肠内的**温度**和**湿度**正好适合胞内寄生菌存活，这里不仅不会分泌出可以杀死细菌的**消化液**，而且还有非常丰富的食物。这些食物就是纤维素。

纤维素是组成植物细胞壁的主要成分。我们在吃瓜果、蔬菜时，这些纤维素就进入到我们的体内。**像白蚁一样，我们人类也不能自行消化掉这些纤维素，但是细菌却可以。**它们通过吃掉这些纤维素来获得它们生存所必需的能量。

大肠里生活着多达100兆个细菌，但是这些细菌并不是一味地从大肠那里索取纤维素，它们还会送给为自己提供住所和食物的大肠一份很宝贵的礼物，就是分解纤维素而产生的能量。

这样一来，大肠就可以能量充沛地吸收水和无机盐，再把剩下的食物残渣送到肛门。住在大肠食物残渣里的那些细菌，一边消化着纤维素吸取养分，一边向大肠提供能量。

你好，我也好！

托大肠的福，大肠里的细菌不仅可以解决住的问题，连吃的问题都不用再担心了。而大肠也多亏有了这些细菌，可以更努力地工作了。事实上，大肠和细菌们从很久以前开始，就这样在我们看不到的世界里互相帮助着。无论是哪一方，缺少了另一方都很难正常生活。你们知道为什么一吃抗生素，就会拉肚子吗？当人们吃了抗生素后，大肠里的很多细菌都会死掉。这样一来，因为不能获取足够的能量，大肠就不能好好吸收水和无机盐了，所以如果没有这些细菌的帮助，大肠是不能健康工作的。

一滴口水里生活着数百万个细菌!

　　细菌是非常小的生物，由一个细胞组成。它们的身体大多为球状、棒状或螺旋状。因为太小，我们只能通过显微镜才能观察到。拥有顽强生命力的它们可以生活在任何地方，如果环境适宜，它们就会繁殖到惊人的数量。事实上，一克肥沃的土地里生活着数十亿个细菌，而人的一滴口水里也生活着数百万个细菌呢!

　　但是，大家不必因此而担心。爸爸妈妈或老师经常告诉我们，细菌会引起很多种疾病。但是那些会引起疾病的细菌只是少数，更多的细菌其实对人类是有益的。在自然界中，细菌也起着非常重要的作用。有些细菌可以分解掉动物和植物的尸体，然后把养分排到土壤里。如果没有细菌，植物就不能从土壤里吸收到养分，这样一来植物也就生存不了了。如果没有植物，那些以吃植物为生的动物的生存也会受到威胁，整个生态平衡都会因此而瓦解。

各种形状的细菌

•珊瑚礁是怎么形成的？

在浩瀚的热带海洋上分布着大大小小各种形状的岛屿，你们知道这些岛屿是怎么形成的吗？其实这是由许多珊瑚虫的尸体堆积而成的珊瑚礁。虽然听着有些可怕，但是这些岛礁却是许多生物的美丽家园。

•对生存环境极其挑剔的珊瑚虫

珊瑚患有严重的"公主病"，它们对生存环境极其挑剔，生存环境发生一点点变化，它们就会出现"白化病"，之后等待它们的就是死亡。它们一死，原本生活在珊瑚里面的海洋生物也跟着遭殃，不久这里就会变成一片"废墟"。

给虫黄藻提供休息地的珊瑚

美丽的海底树丛

在干净温暖的热带海洋里，有一片像陆地上的树丛一样美丽的地方，那就是珊瑚礁地带。珊瑚礁上生长着很多**五颜六色**的美丽珊瑚，这里就像是陆地上的树丛一样，**栖息**着很多种动物。在珊瑚礁的最底层生活着螃蟹和虾，而在珊瑚礁间则生活着海葵、海马，还有各种各样的美丽小鱼。

珊瑚还拥有一个惊人的秘密，在它们的身体里生活着一种更小的生物——虫黄藻。

·珊瑚虫是一种水螅体

水螅体其实就是腔肠动物的两种主要体形之一。水螅体上端中空，呈圆柱形，在口周围有触手，触手上有刺丝囊。触手捕食后送入口内。水螅体的下端用以固着。

123

唉！我不能动，怎么捕食啊？

珊瑚生活在一年四季都很温暖的海域里，特别是在那些离陆地很近、阳光充足的浅海里。

因为有着美丽颜色的珊瑚长得很像花，而且总是生活在一个地方，所以它们经常被人们误认为是植物。但**珊瑚其实是一种动物**。在珊瑚圆筒状的身体里有像胃和肠子一样的消化器官，而且它们还会用触手来捕食海里的小生物。它们把精子和卵子排出体外进行受精并繁衍后代。

事实上，珊瑚并不是终生固定在一个地方生活的。从受精卵中

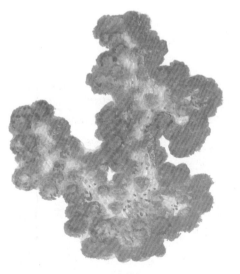

珊瑚

> ·发"芽"的珊瑚
>
> 珊瑚除了可以通过有性生殖来繁殖后代，还可以像植物一样进行无性繁殖。它们可以通过出芽来繁衍后代，芽生出后不会与原来的水螅体分离。新芽不断形成并生长，于是繁衍成群体。新的水螅体生长发育时，其下方的老水螅体死亡，但是它们的骨骼会留在原地。

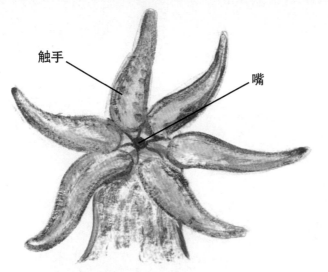

触手

嘴

伸出触手的珊瑚虫　　　　　　　收回触手的珊瑚虫

孵化出来的小珊瑚会在大海里自由自在地游几天或者几周。当它们生长到一定程度后，就会在海底的岩石或珊瑚礁上过起定居的生活。

珊瑚的身体是由无数个叫作珊瑚虫的生物组成的。
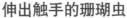
珊瑚虫的身体呈圆筒状，在身体的上端有能够猎取食物的触手，而身体的外围则覆盖着坚硬的石灰质骨骼。**平时珊瑚虫会从身体里伸出触手来捕食一些动物性浮游生物，当有危险时它们就会把触手缩进身体里。**据说，无论是多厉害的鱼，也伤害不到这些躲进坚硬骨骼里的珊瑚虫。

然而，最困扰珊瑚虫的不是来自敌人的威胁，而是无法摄取足够的食物。对于动物来说，定居生活就意味着不能自由自在地猎食，而珊瑚虫仅凭触手捕获的浮游生物是难以维持生命的。那么，这些珊瑚虫又是如何活到现在的呢？

珊瑚虫没有饿死，全是虫黄藻的功劳。

珊瑚你不用怕！有我呢！

虫黄藻是身长大约只有0.01厘米的非常小的植物。它们大都呈褐色或灰褐色的球状，因为没有根，所以一般会随着水流四处游荡。

水往哪里流，它们就漂去哪里，但它们不是在任何环境下都能生存。它们只能在阳光能够照射到的浅海里生存。**虫黄藻是一种能通过光合作用制造养分的植物，所以阳光是它们生存的必备条件。**

虫黄藻还有另外一个生存的必备条件，那就是氮。氮在植物的生长过程中起着重要作用，大部分植物可以从土壤里获得氮。但是因为虫黄藻没有根，它们就不能从土壤里获得氮。那么，虫黄藻是如何获得这一生存所必需的成分的呢？

珊瑚的排泄物中，含有非常丰富的氮。为了获得氮，虫黄藻就寄居在珊瑚的身体里，这样就可以安心地生活在干净的浅海里而不

126

必担心被海水冲到深海里。而且，因为珊瑚有坚硬的骨骼，虫黄藻也不必担心会受到其他动物的攻击了。

虫黄藻很懂得**知恩图报**，为了感激珊瑚为自己提供这么宝贵的住所，它会把从光合作用中产生的80%的养分回报给珊瑚，这样珊瑚也不至于被饿死。

共同建立的生命乐园

珊瑚礁有一个非常美丽的名字，叫作"**大海里的热带雨林**"。正如陆地上的热带雨林会向地球提供丰富的氧气一样，珊瑚礁也会给热带海洋提供丰富的氧气。海洋里的虫黄藻就如同陆地上的植物。植物在进行光合作用的时候，不仅会制造出养分，还会制造出氧气。虫黄藻就是通过光合作用向大海提供氧气的。

珊瑚礁有很多可以藏身的地方，是许多动物**安全的庇护所**。再加上有了虫黄藻，珊瑚礁还能向这些生物提供生存所必需的充足氧气。就像陆地上的热带雨林里生活着无数种生物一样，珊瑚礁里也生活着像虾、贝壳、海藻、浮游生物等许许多多的海洋生物。

什么是光合作用？

与动物不同，植物可以自己制造出生存所必需的养分。植物把从叶绿体吸收到的阳光、从根那里吸收过来的水、从气孔吸入进来的二氧化碳等在叶绿素里进行一系列的化学反应，能制造出葡萄糖和氧气。植物通过这种方式来制造养分的过程叫作光合作用。因为植物可以通过光合作用制造出养分，所以它们不用吃掉别的生物也能活下去。

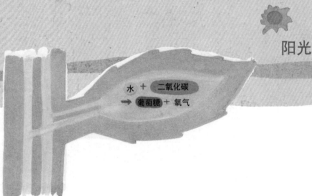

阳光

水 + 二氧化碳
→ 葡萄糖 + 氧气

内部共生和寄生

生活在白蚁消化器官里的披发虫可以帮助白蚁把木质纤维素分解成葡萄糖。生活在人体大肠里的细菌也会帮助分解纤维素，并给大肠提供额外的能量。

像这样一种生物寄生在另一种生物体内，两种生物互相帮助的关系，叫作"内部共生"。

但是也有一些生物，它们寄宿在其他生物体表或体内的同时，会给宿主带来危害。生物学上将这样的关系称为"寄生"。我们可以从疥虫、体虱、跳蚤等寄生虫的生活方式上看到寄生关系。疥虫、体虱、跳蚤等动物以吸食人体的养分或血为生。它们不仅会给人体造成伤害，而且会传播疾病，严重时还会导致人死亡。

损害人类健康的代表性寄生虫有蛔虫、绦虫、十二指肠钩虫等。

养活牛的细菌

吃草的牛

在宽阔的牧场上，有几头牛正在悠闲地吃草。而在不远的树底下，有几头牛正趴着反刍。

牛只吃草，却能长得那么大、那么壮。这是为什么呢？虽然牛能吃掉很多的草，但是它却不能自行消化掉这些草。吃了自己都消化不了的草，牛怎么还能长得那么壮呢？

纤维素，你给我过来！

牛的胃里面生活着能够分解纤维素的细菌。

和人类不一样，牛的胃由4个胃组成，即瘤胃、蜂巢胃、瓣胃和腺胃。其中在第一个胃——瘤胃和第二个胃——蜂巢胃里面生活着非常多的细菌。

当牛把草吞进胃里后，生活在瘤胃和蜂巢胃里的细菌会把牛不能消化掉的纤维素分解成脂肪酸。而这些脂肪酸正是牛生存所必需

·注意卫生非常有必要

虽然我们有强大的免疫系统，可以抵御大多数的细菌，但是不免有些"战斗力"极强的细菌可以突破重围，使我们患病。在我们的生活中其实有很多病都是由细菌引起的，所以平时注意卫生和增强体质是非常有必要的，切不可放松警惕。

的养分。这样一来，牛就可以健康地成长了。

奇怪，不是说细菌在动物的胃里面生存不了吗？为什么细菌却能在牛的胃里生活呢？

我可不能自私地活下去！

为了能够消化吃进来的食物，很多动物的胃会分泌出酸性非常强的胃液。呈强酸性的胃液可以把细菌的身体腐蚀掉，所以一般来说细菌在动物的胃里是无法生存的。但是，牛的胃却有着非常特殊的构造。

牛一共有4个胃。其中瘤胃和蜂巢胃里并不分泌胃液，所以细菌能安心地在那里生活下去。比起其他动物的胃，牛的胃可以说是细菌们的天堂了。只要一直在胃里待着，就会有纤维素源源不断地送上来。

不仅如此，为了不给这些细菌增加负担，牛还会帮助这些细菌。牛的反刍就是其中的一种方式。

因为纤维素非常坚硬，所以细菌在分解纤维素的时候非常费时费力。为了让细菌们省点儿力气、少花点时间，**牛会把那些吞进去的草重新倒回到嘴里，等嚼碎了以后再吞进去。**

•乳酸菌让我们喝上了美味的酸奶

酸奶不仅味美，而且营养丰富，受到很多人的喜爱。在酸奶的制作过程中，乳酸菌发挥了巨大的作用。酸奶其实就是在乳酸菌的作用下发酵得到的，牛奶的一些营养成分在乳酸菌的作用下变得更加容易消化和吸收。但是即使这样，酸奶也不可一次性摄入过多。

•酿酒也离不开细菌

酒是我们生活中很受欢迎的一类饮品，那你知道它是怎么来的吗？酒的酿制离不开一种叫作酵母菌的细菌。我们的粮食在酵母菌的作用下发酵，过了一段时间后就可以得到酒了。

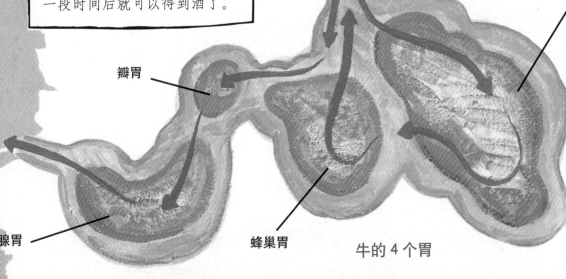

瘤胃

瓣胃

腺胃

蜂巢胃

牛的 4 个胃

•我们能够带菌活下来全靠免疫系统

在我们的生活中，细菌可以说是无处不在，那生活在满是细菌的世界里，我们是如何抵抗细菌的危害的呢？这主要归功于我们强大的免疫系统。我们人体的免疫系统主要有三道防线，普通细菌很难突破这三道防线，所以我们才可以健健康康地生活。

牛的这一行为叫作反刍。经过反刍后，细菌在分解纤维素时就不会费太大的力气和太多的时间了。

多亏了牛的帮助，细菌们才可以非常舒适安逸地生活在牛的胃里面。它们会把牛消化不了的纤维素分解成脂肪酸，并和提供给自己住所的牛分享。

献上自己身体的朋友

细菌们献给牛的礼物不仅仅是脂肪酸。当那些细菌的生命快要完结的时候，它们就会离开瘤胃和蜂巢胃，进入到腺胃里。牛的腺胃不同于瘤胃和蜂巢胃，那里会分泌出胃液。来到腺胃的细菌会被胃液腐蚀掉。这样一来，牛就可以从细菌那里得到维持生命所必需的**蛋白质**了。

牛之所以只吃草也能长得非常强壮，就是因为它们的胃里面有无数个为了朋友而甘愿献身的细菌。但是牛知道这些仅由一个细胞组成的生命体，为了自己而心甘情愿地付出生命的事实吗？

牛为什么会流那么多口水？

在牛的胃里做着分解纤维素工作的细菌很难在酸性的环境下生活。当这些细菌的数量达到一定程度时，即使瘤胃和蜂巢胃没有分泌胃液，照样有变成酸性环境的危险。因为细菌在分解纤维素的同时，会分泌出醋酸、丁酸、丙酸等酸性物质。而呈弱碱性的口水，可以防止瘤胃和蜂巢胃变成酸性，所以牛才会不停地吞口水。

图书在版编目（CIP）数据

蚂蚁为什么要和瓢虫打架？ ／（韩）阳光和樵夫著 ；
（韩）尹奉善绘 ；千太阳译. -- 北京 ：中国妇女出版社，
2021.1
（让孩子看了就停不下来的自然探秘）
ISBN 978-7-5127-1928-6

Ⅰ.①蚂… Ⅱ.①阳… ②尹… ③千… Ⅲ.①鳄鱼 -
儿童读物 Ⅳ.①Q959.6-49

中国版本图书馆 CIP 数据核字（2020）第 195159 号

악어야，내가 이빨 청소해 줄까？鳄鱼呀，要不要我给你清理牙齿？
Text Copyright © 2006, Hatsal-kwa-Namukun（阳光和樵夫）
Illustration Copyright © 2006, Yoon BongSun（尹奉善）
All rights reserved.
Simplified Chinese translation edition © 2021 by Beijing Gsyc Publishing House Co., Ltd.
This Simplified Chinese edition was published by arrangement with SIGONGSA Co., Ltd.
through Imprima Korea Agency and Qiantaiyang Cultural Development (Beijing) Co., Ltd.

著作权合同登记号 图字：01-2020-6796

蚂蚁为什么要和瓢虫打架？

作　　者：	〔韩〕阳光和樵夫 著　〔韩〕尹奉善 绘
译　　者：	千太阳
特约撰稿：	陈莉莉
责任编辑：	赵　曼
封面设计：	尚世视觉
责任印制：	王卫东
出版发行：	中国妇女出版社

地　　址：北京市东城区史家胡同甲24号　　邮政编码：100010
电　　话：（010）65133160（发行部）　　65133161（邮购）
网　　址：www.womenbooks.cn
法律顾问：北京市道可特律师事务所
经　　销：各地新华书店
印　　刷：天津翔远印刷有限公司
开　　本：185×235　1/12
印　　张：12
字　　数：110千字
版　　次：2021年1月第1版
印　　次：2021年1月第1次
书　　号：ISBN 978-7-5127-1928-6
定　　价：49.80元